U0222044

老北京皇城写真全图

[瑞典]喜仁龙
著

赵省伟
主编

邱丽媛
译

北京日报出版社

图书在版编目（CIP）数据

老北京皇城写真全图 /（瑞典）喜仁龙著；邱丽媛
译. -- 北京：北京日报出版社，2024.1
（西洋镜 / 赵省伟主编）
ISBN 978-7-5477-4508-3

Ⅰ. ①老… Ⅱ. ①喜… ②邱… Ⅲ. ①古建筑－北京
－图集 Ⅳ. ①TU-87

中国国家版本馆CIP数据核字(2023)第005771号

出版发行：北京日报出版社
地　　址：北京市东城区东单三条8-16号东方广场东配楼四层
邮　　编：100005
电　　话：发行部：(010) 65255876
　　　　　总编室：(010) 65252135
责任编辑：胡丹丹
特约编辑：樊鹏娜
印　　刷：三河市兴博印务有限公司
经　　销：各地新华书店
版　　次：2024年1月第1版
　　　　　2024年1月第1次印刷
开　　本：787毫米×1092毫米　1/16
印　　张：17.5
字　　数：340千字
印　　数：1—2000
定　　价：168.00元

「 出 版 说 明 」

喜仁龙（Osvald Sirén，1879—1966），20世纪西方重要的中国美术史学家、首届查尔斯·兰·弗利尔奖章获得者。他对中国古代建筑、雕塑绘画艺术有着极深的研究，代表作有《北京的城墙与城门》①（1924）、《中国雕塑》②（1925）、《中国北京皇城写真全图》（1926）、《中国早期艺术史》③（1929）、《中国园林》④（1949）等。

1922年，喜仁龙得到民国总统特许，考察了民国政府驻地中南海、北京城墙及城门，并在溥仪的陪同下进入故宫实地勘察和摄影。本书正是这次考察之旅的精华集锦。

一、本书原名《中国北京皇城写真全图》，首版于1926年。此译本收录了14张建筑绘图，280余张老照片，另有7张近年来拍摄的复拍图。

二、由于年代已久，书中部分照片褪色，为更好呈现出照片内容，图片进行了统一处理。

三、为方便读者阅读与理解，我们对原书的照片进行了排序编号，并对图注进行了一定修改。

四、由于能力有限，书中一些人名无法查出，在此只做音译。

五、书名"西洋镜"由杨葵老师题写。感谢马勇老师为本书作序。

六、出版过程中难免有错误、遗漏，望广大读者批评指正。

编者

---

① 中文简体版即将结集出版 ——《西洋镜：北京的城墙与城门》。——编者注
② 中文简体版已结集出版 ——《西洋镜：5—14世纪中国雕塑》。——编者注
③ 中文简体版已结集出版 ——《西洋镜：中国早期艺术史》。——编者注
④ 中文简体版已结集出版 ——《西洋镜：中国园林与18世纪欧洲园林的中国风》。——编者注

回望老北京

今天的北京是名副其实的国际大都市：喧嚣、拥挤、行色匆匆；那个宁静、优雅、慢节奏的老北京已渐行渐远，人们甚至没有机会，更没有可能再回望那消逝在历史中的老北京的背影。但百年前瑞典学者喜仁龙的这部《老北京皇城写真全图》，却把不可能变成了可能，这是一种美的享受，让人生出诸多感慨。

喜仁龙，瑞典著名美术史学家，1879年生于芬兰，后毕业于赫尔辛基大学，曾任职于瑞典斯德哥尔摩国家博物馆，后为斯德哥尔摩大学美术史教授，对西方近代美术史有精深研究，著述颇丰，在世界上享有盛誉。1916年起，先后在耶鲁大学、哈佛大学及日本一些名校讲学。1920年起，数次来华访问，并深深爱上了古老的中国艺术，由此开始了对中国历史文化的研究，代表作有《北京的城墙与城门》（1924）、《中国雕塑》（1925）、《中国北京皇城写真全图》（1926）、《中国早期艺术史》（1929）、《中国园林》（1949）等。这些作品不仅向世界展现了中国古老的艺术成就，而且对中国文明某些侧面进行了开创性研究，尤其是对北京城墙、城门、皇宫、园林的研究，至今都具有不可替代的价值。

喜仁龙对北京皇宫、城墙、城门的研究，得益于特殊的历史机缘，除了本书前言提及的著名汉学家伯希和[1]，以及后来大名鼎鼎的历史学家周谷城[2]，最主要的原因还是喜仁龙得到了当时中国政府，尤其是仍居住在紫禁城里的宣统皇帝及其皇后的热情帮助。中华民国内务部给予喜仁龙特许权利，专门委派民国大总统的一位特别助理协助他考察民国政府重要的办公地中南海，而且溥仪夫妇还陪同他考察了紫禁城内许多建筑物。这些只有皇室成员才可能踏足的地方，此前从不曾有外人进入，更不要说是外国人了。喜仁龙利用这个机会拍摄了大量照片，紫禁城、中南海、颐和园，甚至是圆明园的断墙残壁，这些都是过去不曾或很少被人拍摄过的，他以自己的方式给中国文明留下了重要的影像记录。

喜仁龙非常珍惜当时中国政府给予他的热情帮助，于是利用当时最好的记录手段，给古老的北京留下了数百幅历史图片，以及大量考订文字。他的这部《老北京皇城写真全图》在国际学术界享有极高声誉，北京城市史研究泰斗侯仁之先生谈及喜仁龙的贡献时说："作者对于考察北京城墙与城门所付出的辛勤劳动，这在我们自己的专家中恐怕也是很少见的。而他自己从实地考察中所激发出来的一种真挚的感情，在字里行间也就充分地流露出来。他高度评价这组历史纪念物，同时也为它的年久失修而伤心。在考察中，他细致地观察、不厌其详地记载，这都是十分可贵的。"[3]

---

[1]伯希和（Paul Pelliot，1878—1945），法国汉学家、探险家。1908年，他从敦煌莫高窟带走了六千余种文书，此外还有两百多幅唐代绘画与幡幢、织物、木制品、木制活字印刷字模和其他法器。—— 译者注
[2]周谷城（1898—1996），中国著名历史学家、教育家、社会活动家，曾任全国人大常委会副委员长、中国史学会常务理事兼首任执行主席、中国太平洋历史学会会长、上海市哲学社会科学学会联合会副主席、上海市历史学会会长。—— 译者注
[3]喜仁龙，《北京的城墙和城门》（序），许永全译，宋惕冰校订，北京燕山出版社，1985年。—— 译者注

在喜仁龙笔下,老北京布局合理,环境优美,是世界都城建设中的典范,它融汇西方文化,又极具中国特色,让观察者一眼望去过目不忘,却又能清楚地知道这是中国、是北京,而不是与世界其他国家首都雷同的某个大都市。

可让喜仁龙无论如何也想不到的是,在他考察、记录这些世界瑰宝之后仅仅不过半个世纪的时间,其中一些人间奇迹竟然消逝了!从大历史视角来看,这样历史性的损失,是多少发展都换不回来的。

为什么会发生如此不可思议的事情?在过去几十年间,国内外知识界有无数讨论,但我们如今依然无法从这些争论中找到一个合乎情理的解释。

从历史的观点看,不论北京的历史上溯到哪里,其作为中国的政治中心其实主要还是到了10世纪之后北方游牧族群崛起。游牧族群南下,中原王朝阻断,经过几百年僵持、拉锯,至蒙古人崛起,游牧族群政治重心不断南移,北京的重要性开始显现。至朱元璋那一代英雄起兵反元,中原王朝政治重心渐渐地也由南而北。一个全新的北京渐渐在金中都、元大都附近兴建,至明代中晚期,后来世界闻名的北京大致成型。满洲人入主中原,仍接续朱明王朝,将政治中心留在了北京,皇宫、皇城、内城、外城,也大致延续明朝架构予以增减、修补,并没有在框架、风格上做过多调整,清朝人很谨慎地守护着这笔已有百年历史的文化遗产。

清中期,西方因素进入中国,中国并没有如后世所想象的那样拒斥西方。伴随着18世纪中国经济的增长,清帝国借此在北京修筑了新的皇家园林 —— 圆明园。虽然如今我们已无法看到圆明园的实景,但从各种历史文献中可以知道,这是一个真正容纳中西文明的尝试。因为是尝试,这个巨型建筑群并没有贸然在已成型的北京城里施工,而是谨慎地在距城外很远的地方选址。这一点对于后来,尤其是20世纪中晚期、21世纪初期北京几次发展机遇具有启发意义,但不知为何,后来的历史学家并没有过多对此进行相关研究,缺乏充分建议决策层在推动发展时注意新旧区隔、新旧建筑风格的协调,以及在建设新建筑的同时保护旧的建筑。

到了清朝晚期,随着外国因素在中国北部风靡,天津已经成为北方最时尚的现代城市,其西化程度在很长时期内一点都不比南方的广州、上海等城市弱。不过值得注意的是,尽管欧风美雨已经吹到了渤海湾、大沽口,晚清政府却并没有将这些因素引进京城。晚清、民初,相当一部分达官贵人将天津视为最具生活情趣的现代城市、北京的后花园,他们可以风尘仆仆往返于京津之间,但绝不会让一个古老的北京因欧风美雨而变得不伦不类。这一点,不仅清朝统治者坚持了下来,即便是后来继续将北京作为政治中心的中华民国,大致也依然坚持这个原则。我们看北洋时代北京城里增加的新建筑,他们一方面不敢破坏北京城区的基本结构,另一方面不敢在建筑样式、风格上喧宾夺主,更不敢以发展的理由,毁掉几百年的有形建筑。

北洋时代结束,国民政府建都南京,北京改称北平,这对北京来说是历史发展的低谷。但从城市风格、文明传承的角度而言,低谷时期的北京,建设少,破坏也少,1928—

1937年十年间，北京留下的值得注意的建筑寥寥无几。

1937年之后，北京沦陷。日本人曾一度规划北京城，虽然我们今天反对日本人对中国的野心，但如果仔细研究日本人那时提供的北京发展方略，也不得不承认日本人的严谨与一丝不苟。他们不在北京已有框架里加减，而是像清代中期接纳西方因素时那样，在老北京之外开建了一个"新北京"，并协调新旧，使生活更加方便。从这个大思路回望20世纪50年代初期梁思成、陈占祥提出的"梁陈方案"，我们很容易理解其意图就是既要维护传统，又要开出新路。他们在西部城区开建新城的想法，与清中期修建圆明园，与日本人规划新城区，具有相通的学理基础。但究竟是什么原因，让决策者放弃"梁陈方案"，转而选择了苏联专家以天安门为中心重组新北京的方案呢？对于这个历史性困扰，学术界近年来已有过许多争论。这些争论说得都有道理，但也有限制与不足。我能提供的一点思考，就是当时各派都没有弄清究竟应该怎样给北京定位。新政府希望北京是一个集政治中心、文化中心、教育中心、经济中心为一体的新型首都，因而北京后来有超大型的钢铁厂、化工厂，有全国三分之一以上的优质教育资源，当然还有庞大的军事指挥系统、政务系统。

这个方案的局限性在于，没有充分考虑到区域分工的重要性，没有深入认识到明清以来中国政治中心究竟是怎样与外部协调的。我们看到，明清时期北京就是一个纯粹的政治中心，是不事生产的消费都市。北京所需要的一切，差不多都是从外面调运，因而先有运河，后有海运，直至后来的铁路。为什么那时的北京不主张建设一个"全能城市"，实现自我供养呢？这里面一定有其道理。再比如，在晚清对外开放的大格局下，天津迅速成为北方大港、超大型商业中心，北京为什么没有与天津争夺北方经济中心的地位呢？其实，这里就有一个区域分工问题，有个效率优先原则。

所谓区域分工，如果我们看晚清会发现大直隶与今天我们说的"京津冀一体化"是一个意思。直隶总督府并不是设在北京，先是设在保定，后因直隶总督兼北洋大臣负责相当一部分外交事务而移驻天津，依然不是移驻北京。晚清政治格局中有很多可以批判的地方，但我们必须承认那时的北京尽管不洋气，但有文化、舒适、宁静、温馨。北京不是大而全，也不是小而全，而是尊重分工，只是一个纯粹的政治中心，只承担着政治的单一功能。

往者不可谏，来者犹可追。今天的北京已经是世界上最大的几个都市之一，生活的便捷性却有待提高。未来发展的路还很长，北京怎样汲取历史上的经验、不犯历史上同样的错误，这些都依旧值得研究。

老北京已成为往事，温馨的回忆，大约只能在书本中寻找，这便是我愿意推荐喜仁龙这部《老北京皇城写真全图》最重要的原因。最后向出版策划赵省伟兄表示祝贺，感谢他们为读者提供了一本极具内涵的好书。

马勇

2016年8月15日

太和殿前铜鹤。段旭拍摄于2022年

太和门前铜狮。段旭拍摄于2022年

太和殿前丹陛西南侧。段旭拍摄于2022年

内金水河。段旭拍摄于2022年

武英殿西北侧。段旭拍摄于2022年

「目录」
DIRECTORY

第三章 夏宫

第四章 皇城平面图

序

1922年，我有幸前往北京，为城内外的皇家建筑拍摄了大量照片。当时，紫禁城已经收归国有，但我不仅得到了内务部的特许，还得到了总统下属的帮助，甚至末代皇帝都亲自陪同我参观。清朝皇室仍住在皇城里，所以不管（普通）中国人还是外国人，都很难获准进入。在我之前，这些建筑几乎未出现在镜头前；而此后，它们或经风雨而磨损，或遭战火而被毁，或因修葺不善而倾圮——无论多么完备的政府都难以改变这些状况。因此，我拍摄的这些照片将日显珍贵，这是我决定出版本书的主要原因，尽管它并不完善。

照片的说明文字依据有三：一是包哲洁[1]及北京培华女校的助手们翻译的中国编年史，二是东京大学工学部于1903年出版的报告，三是我的实地考察和研究。本书主要介绍了相关的重要史料，以及如何欣赏中式建筑和园林。由于相关资料和知识面的涉及十分广泛，难以面面俱到，因此本书着重围绕建造原则进行介绍。测绘图来自瑞典建筑师施达克和日本教授伊东忠太。

非常感谢中国政府为我在北京期间工作提供的极大便利，感谢伯希和教授检查全书文字、提供珍贵史料，感谢叶慈[2]医生、让·布霍特先生审校本书英文版，感谢让·布霍特先生审校本书法文版。

喜仁龙

1925年11月14日

巴黎

---

① 包哲洁（A.G.Bowden-Smith，？—1945），英国传教士，曾来华创办北京培华女子中学。该校成立于1914年，著名女建筑师林徽因曾于1916年就读于该校。——译者注
② 叶慈（Walter Perceval Yetts，1878—1957），英国外科医生、汉学家，曾在第一次世界大战期间担任英国皇家陆军医疗队医务人员。1930年被任命为伦敦大学东方研究学院中国艺术与考古第一讲师。1932年成为伦敦大学中国艺术和考古学教授，任职直至1946年退休。——译者注

引言

北京是中国古代最后一座京城，1267年，忽必烈在这里建造了元大都。现在的北京城就位于元大都旧址上，采用了与之相同的规划设计，区别仅在于，北面比元大都长两公里，南面比其短半公里。北京城整体呈矩形，由一系列大小不一但方向一致的方形区域构成，内部较宽的道路均为东西向或南北向，有些道路直通两侧城门。南侧城墙上有三座城门，其余三侧城墙上各有两座城门。马可·波罗对元大都的精彩描写也大致适用于如今的北京城：

> 道路又直又宽，从一头可以一直望到另一头。宫殿宏伟壮观，客栈宽敞明亮，私宅鳞次栉比，都占据着方形的地面。……道路交叉纵横，其上车水马龙。整座城市如同国际象棋的棋盘一般，设计之精巧难以言传。[①]

如前所述，这种规整的方形规划以及道路的走向，都延续了中国传统都城的设计特征。如隋唐时期的长安城，就是这一特征的绝佳代表。据《长安志》记载，当时的长安城"棋布栉比，街衢绳直"，较大的道路将城内划分成一个个大方块，再由较小的道路将大方块分成四个小方块。宫殿或衙门可以占据一个大方块，但老百姓的四合院只能占据一个小方块。[②]

马可·波罗笔下的元大都如同一个标准的棋盘，毫无疑问，这样讲有些夸张，因为如此宏大的一个城市中，肯定有不那么规整的地方，但他所写的一些重要特征在当今的北京城依然很突出。虽然北京城遭受了破坏，很多宫殿和"宽敞明亮"的客栈已不复存在，有的甚至改成了西式建筑，一些笔直的道路也变成了曲折的胡同，但是核心地区仍然维持着原貌，道路呈东西向或南北向，宅院呈规整的方块状。

皇城位于中心偏南，四周高墙环绕，周长约为9—10公里。除西南角外，整体为矩形，里面是政府机构和宅院，西部湖边还有一些王府。宫城即紫禁城，位于皇城中心，也是高墙环绕的矩形。以下引用马可·波罗对它的描写，细节可能有失准确：

> 宫城是方形的，四边都有长达一英里的高耸的宫墙，周长4英里。宫墙高约十步，十分厚重，刷有石灰。四角各有一座精致的角楼，用于存放禁卫军的武器，如弓箭、马鞍、马衔等。

宫城可能不是方形，而是矩形；周长也不是意大利制的4英里（约5.5公里），而是编年史中记载的3—4公里。但四周的宫墙、角楼和城门属实，其位置也和现在一样。现在的紫禁城就建在元大都宫城旧址上，而后者沿循了古长安和汴梁的规制。隋朝的宫城和唐

[①]玉尔（Yule），《马可·波罗之书》（*The Book of Ser Marco Polo*），伦敦，1871年，332页。
[②]《北京的城墙与城门》（*The Walls and Gates of Peking*），巴黎，1924年，27页。

高宗时期的大明宫位于都城中心偏北，也是由宫墙围成矩形，主建筑坐北朝南，沿中轴线排列。前面是大殿，叫作外宫或中宫；后面是较小的内宫。皇室的寝宫位于最北面，有很多用于读书、思考和娱乐的建筑。这是中国传统宫城的典型布局，北京的紫禁城也是如此。

第一章　紫禁城

紫禁城大致为长方形，南北长1000多米，东西宽786米，宫墙高7米多，外面环绕着护城河。宫墙为红色，但紫禁城并非因此而得名，微席叶先生[1]认为，"紫"指的是北极星[2]。人们认为，皇宫位于整个世界的中心，如同北极星位于整片天空的中心。古代中国人称北极星为"紫微星"，秦汉时期的皇家建筑选址都是依据北极星和北斗星的位置规划的。

紫禁城有四座城门，每座城门都包含三个门洞和一座城楼。南北两座城门居中，构成中轴线的两端；东西两座城门偏南，因为议事和举办典礼的三大殿在紫禁城中心偏南方，这样方便王公大臣们进出。四角处都建有精致的角楼，高耸的檐角映照在护城河水面上。

中国的重要建筑大都沿南北轴线延伸，紫禁城也不例外，正殿和大门都朝南。由此，城内建筑可以分成三个部分，以中间为主，如前述三大殿，宫墙高耸，各建筑以开放式的长廊连通。中间南部为外朝，北部为内廷，内廷被宫墙隔成更小的院落。中轴线向南一直延伸到皇城的南大门，即天安门。以往甚至延伸到京城的南大门前门，只有皇帝才能走这条路，当然近年来已经不是这样了。前门及外面的地方得到了整修，具体情况参见《北京的城墙与城门》一书。

紫禁城东西两个部分都被隔成了大大小小的院落，重要程度和用处不一。较大的院落里有花园，较小的院落是办公场所、存放档案和物品的库房、戏院、侍从们的住处等。想要注明每个院落的用处很难，因为没有完整详尽的资料，而且几乎没有人可以进来。下文将介绍其中的一部分。我有幸参观了西北部皇帝寝宫附近的一些院落及花园，对于东北部以往后妃们居住的院落则不太了解。

外朝三大殿现在已经面向公众开放，但仍要走西华门和东华门，而不是南面的午门，天安门的五个门洞也依旧是关闭着的，尽管从天安门和午门进入才是最好的观赏路线。天安门外面还有两尊华表，汉白玉石柱上雕刻着云龙浮雕，顶部两处云纹颇似翅膀。华表的用处可能是为皇帝引路，也可能是皇帝贤能的象征[3]。

天安门和午门之间的宽阔空地以往用于阅兵，中间还有一座端门。端门和午门之间的院落东西各为阙右门和阙左门，供前往午门两旁办事机构的人进出，太庙和社稷坛则不开放。午门是紫禁城最大的城门，中间有墩台和门楼，两侧是廊庑和方亭。整座建筑群又被称为"五凤楼"，这个称呼源于汉唐时期长安皇宫门楼及两侧塔楼顶部安装的凤鸟。[4]

①微席叶（Arnold Jaques Antoine Vissière, 1858—1930），法国作家。1882—1899年在中国从事翻译工作，著有一些关于中国社会的专著和文章，例如《北京官话：汉语初阶》《汉语初级读本：发音、书写、语法、句法》。——译者注
②有关微席叶对紫禁城得名之解释参见马特罗列（Madrolle）的《紫禁城笔记》（Note about Tzǔ Chin Ch'ěng）一书。
③爱司克夫人（Florence Ayscough MacNair）在《紫禁城的象征意义》（《皇家亚洲文会北华支会会刊》第三卷，1921年）中指出，④华表即古时候的诽谤木。尧帝曾在宫殿外面树立诽谤木，让人们提出意见和建议，从而改进政务。
④午门沿袭了唐朝大明宫含元殿以及宋朝宫殿丹凤门的形制，整体高低错落，左右呼应，其形状如朱雀展翅，故有"五凤楼"之称。——译者注

午门为开放式的矩形，两翼向南伸出，南北两端各有一座重檐攒尖顶阙亭，亭子和门楼以廊庑相连。门楼包括两层，面宽阔九间，整个北部长约126米，两翼长约92米。城墙下宽上窄，底部有34米厚，设三个拱形门洞，雄伟而又坚固。这是紫禁城中最具纪念碑性质的建筑。

午门的门楼中央大殿顶部雕花，两边侧殿同样为开放式。砖砌的城墙涂有灰泥，坚实的圆柱涂有亮红色的厚漆。楼顶覆盖着黄色琉璃瓦，正脊两端都有鸱吻，上层屋檐垂脊末端有脊兽；下层屋檐四角也各有一条垂脊，与上层屋檐相一致，末端也都有脊兽。

门楼左右两座阙亭中设有钟鼓，皇帝从午门通过时需鸣钟，去太庙祭祀时需鸣鼓，大臣们聚集在紫禁城参加典礼时会同时敲响钟鼓。午门前面有日晷和嘉量，表示皇帝如同太阳一般永恒和公正，其他城门和很多宫殿前面也都有日晷和嘉量。

据《大清会典》记载，顺治四年（1647年）皇帝下令重修午门；该书另一处又记载，嘉庆六年（1801年）重修午门。[1]第二次重修规模应该不及第一次，也就是说，清朝初年午门的形制就已经基本确定了，与明朝皇宫正门相一致。

从午门的墩台上可以尽览紫禁城的外朝，从这里到乾清门有600米远。内金水河自西向东蜿蜒穿过午门与太和门之间的院落，河上架着五座汉白玉石桥，汉白玉望柱上雕刻着蟠龙祥云。这五座桥象征中国传统哲学中的五德和五常。中间那座桥被称为御路桥，宽阔平坦的道路由此一直通向太和门。太和门前矗立着两尊硕大的铜狮和石雕，一尊石雕代表存放诏书的诏书亭，另一尊石雕代表存放册宝的宝盝。与紫禁城内的所有主门洞一样，只有皇帝才能走太和门，大臣们只能走侧门，文臣走东侧的昭德门，武将走西侧的贞度门。

太和门的基座也是汉白玉，环绕着龙凤石雕栏。有三层台基，中央的丹陛石斜坡上雕刻着龙凤和祥云的图案。皇帝乘坐御辇，从丹陛石上经过时，其他人只能走两边的台阶。太和门实际上是个开放式的大厅，进深四间，面阔九间，北面关闭，只留有几扇门。太和门长50米，台基长55米，为重檐歇山顶，檐角高翘，整体结构匀称，庄重宏伟。

明朝时，太和门曾被称作皇极门。据《大清会典》记载，顺治二年（1645年），皇极门改名为太和门；光绪十三至十六年（1887—1890年）重建。[2]此次重建应该是严格遵循旧的规制，因为《顺天府志》中的记载与现状完全相符：

> 正中南向者为太和门，九楹，三门，前后陛各三出，左右陛各一出。重檐翚飞，石栏缭折，列铜狮二、宝鼎四。

---

① 伊东忠太在《东京大学工学部的报告》(Bulletin of the School of Engineering of the Tokyo Imperial University) 中引用了很多中国编年史中关于紫禁城的历史资料。非常感谢伊东忠太教授允许我引用该报告中的一些测绘图。
② 应为清光绪十五年（1889年）重建。——译者注

太和门的结构与午门门楼大致相同，南北深分两间，北面明间与次间装有三扇大门，南面敞开，整个院落一览无余。

从太和门到太和殿有180米。整个院落十分空旷，两旁廊庑乏善可陈，因此看起来比实际更广阔。太和殿是三大殿之首，坐落在汉白玉基座上。基座包括三层台基，每层台基都围绕着雕刻精美的汉白玉栏杆，层层直角更显威严。其基座的三层台基结构与太和门相近，但更高更阔。中央的丹陛石上有巨型浮雕，包含九龙戏珠、山水云纹等；两侧栏板上也雕刻着各种神兽图案。"月台上设有18座大型铜鼎，代表唐朝之前的帝王们十分看重的九鼎"[1]；还有一对铜鹤、一对铜龟，象征长寿。大殿两侧有四个大型鎏金灯碗，倒上灯油、放入灯芯就可以照明。

明朝时，太和殿曾被称作皇极殿。它重建于明天启七年（1627年）[2]，顺治二年（1645年）重修时改名为太和殿，康熙八年（1669年）再次重修。据《大清会典》记载，太和殿于康熙三十四至三十七年（1695—1698年）再次重修，乾隆三十年（1765年）又进行了重修。袁世凯任大总统时修复了彩画。

每年元旦、冬至、万寿节，都会在太和殿举办大典。大殿中央的高台上安放着皇帝的宝座，高台设有七层台阶。宝座周围还有很多装饰陈设，包括花瓶、香炉、祭祀用品、屏风、箱柜、椅子等。现在这个大殿日常很少用到，除非有像1918年庆祝"一战"胜利这样的特殊情况。据说有计划要将它改为资政院会议室，所幸到现在也没有实行。殿内长50米，宽30米，面积1500平方米。每排有8根大柱，宝座两侧有6根金柱。后面部分区域由墙壁隔开，而前面两侧为开放式的廊庑。整座大殿长64米，宽35米，面阔11间。明间最为宽敞，宽8米；左右两侧较窄，宽5.5米。最外侧的墙壁厚约1米，将最外侧的大柱围在里面。

中和殿位于太和殿与保和殿之间，殿前的丹陛石比太和殿殿前的稍小一些。中和殿为单檐四角攒尖顶，四周环绕着廊柱，连廊面阔5间。这座占地为正方形的建筑，大殿边长16米，基座边长24.5米。殿内有4根大柱，支撑殿顶，同时也将内部空间隔为3间。中央台子上也是皇帝的宝座，背后有一架装饰性的屏风，上方为藻井。皇帝前往太和殿参加大典前，会先在中和殿小憩；祭祀前，会先在这里阅视祝文；每年举行亲耕仪式前，还要在这里检查农具和种子。

明朝时，中和殿曾被称作中极殿，跟前面提到的大门和大殿同时改为现名。于明朝天启七年（1627年）重建，隔了很多年之后，在乾隆三十年（1765年）与太和殿一起重修。相比后者，中和殿的结构和装饰细节等都保留了早期的特征。

保和殿是三大殿中最靠近北边的一座，与中和殿的年代和风格一致，其重建于明天

①沃尔特·波西瓦·叶慈，《中国艺术专题：青铜器》，《伯灵顿杂志》，32页。——译者注
②始建于明永乐十八年（1420年），后经过多次重建，天启七年（1627年）复建完成。——译者注

启七年（1627年），乾隆三十年（1765年）重修。保和殿比中和殿大得多，外围长49米，宽23米。其结构与太和殿相同，内部分为5个部分，中央上方为藻井，南面为开放式。面阔9间，进深5间，两端梢间有板门相隔。

保和殿为重檐歇山顶，相比太和殿的重檐庑殿顶，山花较小，垂脊较短，气势稍弱，规格等级次之。这里最著名的用途是举行殿试，高中者可以获得重任，也是皇帝接见外国使臣的地方。但现在并不开放，据说存放了大量古籍。殿外的墙壁与廊庑相连，大门紧闭，紫禁城对公众开放的范围到此为止，后面的部分只能从未开放的北面进入。

保和殿的基座结构跟太和殿一样，也包含三层台阶，四周环绕汉白玉栏杆，望柱上雕刻着云龙云凤纹。北面的丹陛石上雕刻着云龙、山水等图案，两旁台阶上还雕刻着龙马、凤凰、麒麟等图案。再往北就是内廷的南大门——乾清门了，在进入紫禁城最为隐秘的地方之前，我们先看一下南部次要的宫殿和大门。

外朝的宫墙内部大都有走廊，院落四角矗立着角楼。太和门与太和殿之间的走廊东西各有一座二层楼，西面为弘义阁，东面为体仁阁，其北面分别设右翼门和左翼门两座边门，是普通的三门洞，可以由此前往东西路。

东西路南部的重要建筑是藏书楼，东南部有乾隆年间建的文渊阁、举行经筵之礼的文华殿和主敬殿，还有皇帝举办经筵前行"祭告礼"的传心殿。后面三座建筑现已改造为博物馆，面向公众开放，展出的青铜器、陶器、瓷器、景泰蓝等原藏于奉天故宫[1]和承德避暑山庄。西南部最大的建筑是武英殿，原来是校勘、刻印书籍的地方，1869年被烧毁后重建，现用于陈列皇家收藏的书画。

武英殿四周高墙环绕，需经武英门进入。西侧的咸安宫是乾隆年间[2]为教育三旗子弟所建造，西南角的南薰殿内供奉着历代帝王的画像。西路的大片空地上种满了树，形成了一片片小树林，人迹罕至。

乾清门是内廷的正宫门，位于汉白玉基座上，门前有三层台阶，面阔5间。内廷在顺治十二年（1655年）进行了重建，很多建筑经过了多次重修，但乾清门却几乎维持着原貌，这可能是紫禁城中最原汁原味的古建筑。

乾清门两侧墙内有禁卫军的岗哨，折向北后设日精门、月华门两座小门。沿中轴线向北便可抵达皇帝的寝宫——乾清宫。皇帝在这里接见大臣和外国使臣，如果他同意，后妃们也可以出席。1911年后，这里还用于举办大典和节日庆典，如1922年的皇帝婚礼大典。

乾清宫为重檐庑殿顶，面阔9间，长45.5米，宽22.5米。内部不像太和殿那样是个开阔的大厅，而是分隔成一个中央较大的明间和两侧稍小的次间。明间中央的高台上坐落着

---

①今沈阳故宫博物馆。——编者注
②咸安宫为雍正年间建造。——译者注

皇帝雕刻精美的宝座和屏风，上悬皇帝手书匾额，两侧为皇帝手书对联，前面摆放着香炉等祭祀礼器。这是紫禁城中保存最为完好的一座宫殿，丝毫没有没落皇室的凄凉之感。乾清宫的名称沿用自明朝，宫殿历经多次重修。明朝正德九年（1514年）曾毁于火灾，两年后重建[1]；明万历二十四年（1596年）再次被烧毁。顺治十二年（1655年）与内廷其他建筑一起重建，康熙八年（1669年）重修；嘉庆二年（1797年）与交泰殿一起再次失火，后再依旧制重建。不光交泰殿，北面的坤宁宫很可能有着同样的经历。

交泰殿与太和殿后面的中和殿类似，平面为方形，边长16.5米。其名称意为"天地交合、康泰美满"，暗示皇帝与皇后的结合。

以往认为，帝后大婚是在这里举办的[2]，这种说法并不准确。据我了解，这里存放着皇帝的宝玺。大殿中央的高台上同样有皇帝的宝座，东西次间分别设有铜壶滴漏和大自鸣钟。内部4根大柱，支撑着单檐四角攒尖殿顶。外面没有门廊，大殿直接坐落在较低的基座上。

坤宁宫是皇后的寝宫，结构与乾清宫一致，但略低矮。连廊面阔9间，进深5间，也是重檐庑殿顶。殿前左右各有两铜缸，缸上各立一铜凤，还有一块神杆石。

坤宁宫后面的坤宁门是内廷的北门，从这里可以进入美丽的御花园，这是皇帝休闲游玩的地方。御花园中有一座钦安殿，再往北经过两道小门，就来到了紫禁城的北门，即神武门。近年来，居住在紫禁城里的皇室和他们的访客进出主要走的是神武门[3]。门外便是护城河，河上架着一座宽阔的石桥，走过石桥便到了景山。

内廷的结构跟外朝一样，宫墙也设有边门，而且往往东西一致。前面介绍过乾清宫南面的两座边门，交泰殿东西两侧的边门分别叫作景和门、隆福门，坤宁宫两侧的边门没有门楼，只在墙上用彩色琉璃瓦砌成装饰性的门框。

内廷西南部的养心殿曾是皇帝的临时寝宫，为单檐歇山顶，前面有开放式的门廊。殿内隔成了几部分，家具大多是西式的，也有一些华丽的中式家具。前窗被拓宽，并装上了玻璃，因此屋里格外亮堂。院子里摆着很多盆花草，就像一个小花园[4]。

养心殿以北是永寿宫和翊坤宫，均为皇帝宠妃的住处。翊坤宫里有一面大圆镜，象征帝后婚姻幸福美满。汉语中，"破镜"代表夫妻分离。已故的慈禧太后没有住过这里，而是

---

①同年十二月重建。——译者注
②爱司克夫人在《紫禁城的象征意义》（《皇家亚洲文会北华支会会刊》，第三卷，1921，73页）中提及。
③我就是从神武门进入了紫禁城的内廷，当时记录下的印象也值得一提。走进神武门之后，便须径直向西转弯。除了两旁高大的红色宫墙和脚下的石板路之外，什么都没有，就像进了监狱一样。就这样走了十几分钟，穿过了一些小院落和大门，门口身穿长袍、头戴红缨帽的老旗兵审视地打量着我们。越往里走，越觉得像是进了迷宫一样。一处处院落，一座座大门，一条条小路引向不同的地方。不熟悉的人很难找到正确的出路。
④光绪皇帝曾住在养心殿，1908年去世后，他住处的摆设基本没有变化。他居住的房间是中式风格，多为贵重的红木家具，把上面盖着的绸布掀起，露出精致的浮雕花纹。桌子和架子上陈列着大大小小的欧式自鸣钟，展现出这位命运多舛的皇帝的个人爱好。除此之外，便没有什么值得一提的装饰物了。末代皇帝告诉我，光绪皇帝是在这里居住的最后一人，以后也不会再有皇帝住在这里。

住在东面的宁寿宫。[①]宁寿宫与南面的皇极殿台基相接，西面[②]有一座很大的花园。花园的大门叫作皇极门，为常见的三门洞式。

宁寿宫西面隔着一道小巷，是皇室的家庙，即奉先殿。北面的延禧宫、永和宫和景阳宫都是嫔妃们的寝宫。西北部大花园周围的雨花阁、宝华殿、中正殿等是藏传佛教的佛堂。

虽然紫禁城内房屋、院落众多，所幸排列整齐、风格一致，因此尚不至于令人眼花缭乱。如前所述，紫禁城被划分成了很多建筑群，每个院落都有宫墙环绕，通常包括三座或五座大殿。南北向的小路将这些院落分隔得错落有致。中路的高墙和宏伟的大殿格外突出，东西两路则不太规整，因为这些建筑各有其用途，如寝宫、寺院、花园、办事机构等。但无论是何用途，这些院落都呈矩形，各建筑对称排列：中央为主殿，两侧各有一座较小的建筑，如绿叶围鲜花一般。

一般而言，某座建筑的重要程度体现在其基座上。雕栏玉砌的汉白玉台基所呈现出来的艺术效果通常比上方的木制建筑要好。宫殿的主要特征自古至今变化不大，只在细节上有所调整；相比之下，台基的样式更为丰富，如层级、排水龙首、雕刻精美的栏杆栏板等，随时代变化而展现出不同的风格。这一结构在东方建筑体系中较为典型，可能源自印度，但丰富程度还是要数中国皇家建筑。这里所有的重要建筑都有基座承托，不仅营造出纪念碑式的感觉，而且起到了很好的装饰作用。汉白玉石材更增强了这些效果，与上方的木制建筑形成鲜明对比。

皇家建筑的区别并不显著，大多是由横梁、立柱、飞檐等构成的木制建筑，墙壁为砖或灰泥。屋檐为单层或双层，重檐的顶层极具装饰性，没有窗户；屋脊往往呈弧形，飞檐向外伸出。有的四个檐角向下，有的有山花，有些方形建筑的屋顶为金字塔形，有的是圆锥形。各种屋顶是如何建造而成的、横梁和立柱如何连接、斗拱如何制作等，这些都是技术问题，这里不做详述。我们只需知道，斗拱在早期中式建筑中非常重要，后来其装饰性逐渐强于坚固性，成为斗拱的主要特征。

[①]光绪皇帝的寝宫比慈禧太后的小很多，但都非常精致。皇帝的寝宫有32个房间，很多从未使用过，却依然布置得很好。皇后的寝宫在皇帝的寝宫后面，只有24个房间。皇帝和皇后的寝宫虽然相距很近，但没有门直通。内廷中还有一些建筑是供访客等候接见用的。除此之外，还有一些废弃的、看上去又脏又旧的建筑，门上贴着封条，可能没人知道里面有什么。末代皇后说，这些建筑已经封了很多年了，她也没有进去过。它们所在的院落大门也是关着的。我们得到警告，禁止谈论这些地方。

以下引自美国画家凯瑟琳·卡尔女士（Katherine A. Carl）对慈禧太后宫殿的描写（《慈禧写照记》，伦敦，1906年）：

太后居住的宫殿前面是一个高墙围起的院落。墙上的门窗形状奇特，每隔一段，还有黄色和绿色琉璃瓦组成的装饰图案。前面宫墙中间设有巨大的木门，仅供太后进出。殿内庄重而堂皇，是我见过最为和谐、优雅、完美的室内装饰。墙壁为暗红色，辅以多彩绚丽的花格，精美的藻顶则采用三原色。窗户是唯一的光源入口，因此光线较暗，更显其色彩丰富。

地上铺着光滑的黑色大理石，映射出墙壁和殿顶的色彩。中央有一座精雕细琢的较矮的平台，上面摆放着古色古香的宝座、乌木红漆脚凳，以及山水浮雕铜屏风。其中一扇屏风上用金字刻着一首诗，为铜板增加了亮色。

穿过雕有龙纹的木门，可以进入东西两侧的房间。这些开敞的大门上挂着厚重的绸缎门帘。窗户的下半部分是玻璃，上半部则是透明的高丽纸。支撑殿顶的柱子与窗户并不相连。

[②]其南面有一座很大的花园。——译者注

这些建筑的宏伟之感主要是其色彩造成的。前面讲过，丹陛石和栏杆等都是汉白玉，而建于上方的墙壁和柱子涂成了朱红色，屋顶上是黄色的琉璃瓦。白、红、黄三种颜色置于蓝天和绿树之间，或映照在护城河的水面上，从远处看格外绚丽。从午门的城墙、景山或北海的白塔上眺望紫禁城，最引人注目的就是金光闪闪的殿顶。这是专属于皇家的颜色，其他人都不可以使用，但红色的柱子和白色的石基在寺庙和私人宅院中很常见。

三大殿前面的空地看起来单调，却与汉白玉栏杆和红色宫墙、立柱和谐一致。饱经风霜的宫墙呈现出红色、粉色、棕褐色不等，上面还有青苔。木制建筑重新上漆之后，呈现出统一的猩红色，但经风吹日晒之后，慢慢会变成较为柔和的棕红色。

横梁和斗拱上大多绘有绿色、蓝色、棕色、白色等花卉或几何图案。这些图案从远处看还不错，但仔细看就能发现，其色彩搭配和构图还有待提高。同样，历经岁月和灰尘的洗礼之后，这些图案有些褪色了，但这样反而与建筑整体更加协调了。斗拱的装饰和轮廓也存在同样的问题，从远处看赏心悦目，但却与它们的真实意义和功用不相符。门框往往雕琢有龙纹或几何图案，并镀金，窗格图案非常精美。这些装饰元素跟殿顶的脊兽、望柱上的纹路一样独具特色，共同营造出了建筑的整体氛围。当然还有自然的木制框架、平衡和对称的结构、亮眼的色彩等诸多元素，形成了这统一的艺术风格。宫墙、院落、立柱、殿顶等并非独立的作品，它们共同组成了紫禁城这件伟大的艺术珍宝。这是中国传统皇家建筑原则和规制历经千百年发展（和衰颓）的结果。

从北面的景山，可以一览紫禁城全貌。景山又叫煤山，俗称万岁山，它属于宫城，但不在城墙之内，需要穿过护城河和一条现已归公的道路。这座山的不同名称反映出人们对其来源的猜测。有人认为，元代一位皇帝曾在这里囤积了大量煤，以便战争时供皇家使用。但这种说法并不可信，皇帝最多曾在山脚下囤过一些煤。因为这座山周长4000多米，如果是人工堆积而成，那这些土必定来自护城河和附近的湖。它位于紫禁城正北方，是北京城中唯一的一处高地，除了风水之外，还形成了屏障。在这里不仅可以看到整个皇宫，还能看到大部分北京城，是观察四周、发布信号的极佳地点。由于皇室经常来这里游玩，因此获得了"万岁山"的别称。

这座山本身的景色不及四周，大多处覆盖着金钟柏和白皮松，有些树可能从元代时就生长在此。听闻林中某棵树上挂着一根锁链，代表了明朝的结束。据说，明朝最后一位皇帝看到敌军攻入紫禁城后，便在这里自缢了。[①]景山上的建筑只有五方亭，即位于五个小

①1644年4月25日，崇祯皇帝自尽，为景山带来了悲凉之感。巴克斯（E. Backhouse）、濮兰德（J. O. P. Bland）所著《清室外纪》（*The Annals and Memoirs of the Court of Peking*）103页中写道：

　　凌晨五点左右，皇帝脱下皇袍，换上了绣有龙纹的短上衣和黄紫色袍子。朝钟鸣响，却没有一个大臣出现。他从神武门走出紫禁城，来到煤山，只有忠心耿耿的太监王承恩陪同，左脚的鞋子也掉了。最后，他在衣襟上写下遗诏："朕凉德藐躬，上干天咎，致逆贼直逼京师，皆诸臣误朕。朕死，无面目见祖宗，自去冠冕，以发覆面，任贼分裂，无伤百姓一人。"然后便在寿皇亭旁自缢了，太监王承恩也随之自缢。

丘上的五座小亭子。中央的万春亭最为高大，为三重檐四角方亭；其余四座亭子为重檐八角或圆顶。这些亭子都是开放式的，位于石基上，顶部覆盖着蓝色或黄色的琉璃瓦，由柱子支撑。相比紫禁城内的建筑，这些亭子更加坚固、精致，这也证实了它们的确建于明朝嘉靖年间[②]。

图1.天安门前的华表

---

①五方亭建于清朝乾隆年间。—— 译者注

图2.天安门全景

图3.天安门外的外金水桥

图4.天安门外的石狮子

图5.紫禁城西北角楼

图6.紫禁城东南角楼

图7.紫禁城西南角楼

图8.神武门北侧护城河

图9.午门的正中门楼和东雁翅楼

图10.午门的正中门楼

图11.午门的东雁翅楼

图12.午门北侧

图13.从太和门望向午门

图14.西华门西面

图15.西华门东面

图16.东华门东面

图17.外朝东北侧的楼阁

图18. 协和门廊庑

图19.协和门东面

图20.从协和门望向内金水桥

图21.内金水河

图22.内金水河上的汉白玉石桥

图23.太和门前的铜狮子

图24.太和门前的石亭

图25.太和门前的石匮

图26.太和门基座龙凤望柱

图27.太和门南面

图28.太和门和昭德门

图29. 从太和门望向午门

图30.太和门内过厅

图31.太和门内的彩画

图32.太和殿前的丹陛

图33.太和殿南面

图34.太和殿前丹陛西南侧

图35.中右门东面

图36. 太和殿前丹陛东南侧

图37.太和殿前的丹陛石

图38.太和殿前丹陛石一侧

图39.太和殿前的嘉量

图40.太和殿前的日晷

图41.太和殿前的铜龟

图42.太和殿前的铜鹤

图43.太和殿廊庑

图44.太和殿内的柱子

图45.太和殿内景

图46.太和殿内的彩画

图47·太和殿中梁上方的彩画

图48.太和殿内皇帝的宝座（远景）

图49.太和殿内皇帝的宝座（近景）

图50.太和殿内皇帝宝座和周围的柱子

图51.太和殿内皇帝宝座上方的彩画

图52.太和殿西侧的中右门

图53.太和殿前丹陛石

图54.太和殿后面的丹陛石

图55.太和殿的雕花木门

图56.太和殿台基上的螭首

图57.太和殿东侧的中左门

图58.太和殿前面的石阶和体仁阁

图59.中和殿西北侧

图60.中和殿南面

图61.中和殿大门

图62.中和殿内景

图63.中右门北侧

图64.中和殿外的廊庑

图65.保和殿西南面

图66.保和殿正面

图67.保和殿廊庑

图68.保和殿大门

图69.保和殿的重檐及山花

图70.保和殿侧面的宫墙和鎏金大缸

图71.武英殿西面的内金水河

图72.武英殿西北侧

图73.乾清宫南面

图74.乾清宫廊庑

图75.乾清宫内景

图76.乾清宫内皇帝的宝座

图77.乾清宫内的彩画

图78.交泰殿东面

图79.乐寿堂

图80.养心门

图81.养心殿（皇帝的寝宫）

图82.养心殿大门

图83.养心殿前的廊庑侧面

图84.近光右门

图85.千秋亭

图86.万春亭

图87.四神祠

图88.堆秀山

图89.御花园中的古槐树

图90.天一门

图91.钦安殿

图92.畅音阁

图93.雨花阁

图94.养性门

图95.从养性门望向畅音阁

图96.符望阁

图97.景山西南

图98.从景山北望寿皇殿

图99·从景山上望向紫禁城

图100.景山绮望楼

图101.景山西面的辑芳亭

图102.景山西面的富览亭

图103.景山东面的观妙亭

图104.景山北墙上的便门

图105.景山寿皇殿前面的牌楼

第二章　三海

紫禁城外三海（太液池^①）周围的建筑群比紫禁城内的建筑更加精美。它们并不像三大殿那样宏伟庞大，而是更加私人化，隐藏在湖畔假山之间，与周围的景物和谐相融。诚然，这里也有一些大型寺庙和宅院，如总统府，但那些都是后期建造的，艺术性不及古建筑，与周围环境也格格不入。

北京三海及周围的建筑群始建于辽金时期。一位皇帝命人将玉泉山的水引到北面的离宫别苑，先引到一个湖中，再由人工河引出，这条河就是金水河。元朝时，忽必烈扩建了湖周围的宫殿，以供皇子居住；还在湖中建造了一座小岛，并在湖北面的小山上栽种了很多珍稀树木，这座小山就是万寿山。^②

马可·波罗如此描写：

皇宫北面有一座因开凿湖泊而堆积成的小山，高约百步，山脚周长约一英里。山上种满了常青树。皇帝一旦知道哪里有一棵美丽的树，就会命人将那棵树移植到这座山上。……山顶上有一座很大的宫殿，从里到外都是绿色的。小山、树木和宫殿融为一片美景。……皇帝非常喜欢这处精心打造的后花园。

贝勒指出，这座山就是现在北海的白塔山。这是附近最高、景色最美的地方，山上仍旧郁郁葱葱，但宫殿早已不复存在，只有寺庙和一座印度式的白塔。1652年，五世达赖喇嘛进京觐见，顺治皇帝为此建造了这座白塔。《元史》中还记载了湖周围的其他建筑，如仪天殿，即现在的承光殿或团城。我们无须详细了解元代三海周围的建筑群，只要知道，当时这里就已经很具规模，甚至比后代的建筑更为宏大。而今，元代的建筑早已无迹可寻，或许有些成了后代建筑的基座；真正建于明朝的宫殿同样很难找到，清朝的历次重建重修已将前朝建筑的原貌完全覆盖。从清朝入关后的第一位皇帝顺治开始，又经康熙、乾隆、道光等，在慈禧太后掌权期间，对这些建筑群的重修更是达到了顶峰。慈禧太后非常喜欢三海，因为这里清静闲适，风景适合入画，在这里生活可以更加亲近自然。

清朝皇室在这一带建造了大量各式各样的建筑，包括寺庙、戏楼、藏书楼、画院、宅院、大殿、衙门、廊庑、亭子、码头、塔、牌楼、桥、假山、台基以及宫墙等。《顺天府志》中记载了一百多个建筑的名称，有些虽然高雅而富有意蕴，却无法从中得知其用途、建筑特点、修建时间等。因此，下文只引用其中与本书图片相关的部分内容，以及对于这片建筑群总体特征的评价。

---

① "太液池"源于汉武帝建章宫附近的人工湖。据《长安志》中记载，建章宫外修建了一个很大的水池，叫作太液池；池中有蓬莱、方壶、瀛洲三座小岛，象征海上的三座仙山；池边的高台叫作渐台。一据《汉书》记载，臣瓒曰："太液池，言承阴阳津液以作池也。"依照中国传统的天人合一思想，天上有太阳和月亮，人相应地有两只眼睛；天上有雨露，人有津液。另据《三辅故事》记载，"（太液）池北岸有石鱼，长二丈，广五尺。西岸有龟二枚，各长六尺"。与许多中式园林和宫殿一样，太液池的名称来源和象征意义只有中国的文人可以理解，一般人并不知晓。
② 贝勒（Emile Vasilievitch Bretschneider），《北京及其周边的考古与历史研究》（*Archaeological and Historical Researches*），33页。

三海包括南海、中海和北海三片水域。南海相对独立，与中海只有一道狭长的运河相通。其中央的小岛叫作瀛台，只有一座堤坝与岸边相连。堤坝上设一座吊桥，一旦升起，小岛就完全与岸边隔绝了。1898年变法失败之后，光绪皇帝曾被幽禁在这里，此后两年间没有人可以前来探望他，连守卫的士兵都要每天更换。庚子事变之后，慈禧太后对他的制约有所放松，然而此时他已病重，如同湖面上渐衰的光芒。小岛南面的主建筑位于台基上，光绪皇帝居住的藻韵楼就在这里；北面有一道名为翔鸾阁的长廊。岛上古树成荫，高大的假山间亭子若隐若现，沿岸还有几座雅致但略显凄凉的建筑交相呼应。南端的迎薰亭最为寂寥，它立于湖上，四周静得能听到湖水拍打汉白玉台阶的声音。（见图106—图114）

《顺天府志》中记载：

门南过桥为瀛台，平堤石阑，拾级而登，正中北向者为翔鸾阁，建相风金凤于屋极，左右延楼回抱，阁后有楼二，东曰祥辉，西曰瑞曜。（翔鸾阁见图108—图109。翔鸾阁和祥辉楼这两座楼阁可能建于18世纪初，但后来重修过。）

又南为涵元门，门内东向者为庆云殿，西向者为景星殿，正中南向者为涵元殿，殿之东为藻韵楼（见图110），西为绮思楼。正中北向相对者为香扆殿（见图111），殿左右各有室三楹，曰溪光树色，曰水一方，北向，又左右各有北接室三楹，曰虚舟，曰兰室，东西向，殿后南向，崇基下临者即瀛台也。台为趯台陂旧址，即明时所谓南台者。国朝顺治年间，稍加修葺，圣祖时驾幸瀛台，常于此听政。台之东为春明楼，西为湛虚楼（见图113），中庭有木变石，台南为迎薰亭（见图114）。自翔鸾阁至此，统名瀛台。三面临水，台南蓼渚芦湾，参差掩映，即南海也。由藻韵楼折而东，南向者为补桐书屋，高宗纯皇帝尝读书于此，庭有双桐，其一为风雨所摧，于乾隆九年（1744年）补植。北向者为随安室。由书屋再折而东，为待月轩，轩南有海神祠，北建六方亭于石岩上，曰镜光，又构亭于水中，曰牣鱼（见图115），转石径而南为牝谷。绮思楼西，山上有台，额曰八音克谐。台北为长春书屋，屋后小室曰漱芳润，屋西有亭临池，曰怀抱爽。左右山石间有剑石二，曰插笏。其南隔池相对者为宝月楼。由仁曜门折而东，过昆仑石，度桥，有亭曰垂虹（见图116），又东南一亭，曰俯清泚，稍北为淑清院，院东北隔水南向者为葆光室。

没有必要继续引用下去了，因为瀛台岛北岸的很多建筑都已重建，很难再对应得上。这些建筑十分密集，没有什么特别之处，难以区分各自的用途。上述引文中涉及了大量建筑名称，这让我们觉得似乎是游览了一大片宫苑，但事实上，这只是一座直径不足500英尺①的小岛。这些名称不都单独属于某一座亭台，有的仅仅指某一建筑的某一部分。因此，除非挂有相应的匾额，否则无法按图索骥。中国人非常重视这些建筑的名称，不仅因其听起来美妙，更因其中很多名称都源自长安等地的古代宫苑，颇含深意。

①英美制长度单位。——译者注

从瀛台岛走过小桥和堤坝，便来到了被称作敬圣所的衙门建筑，现在它是总统府各部门的办公场所。这组院落近几年大多进行了改建，还有一些袁世凯总统下令新建的西式楼房，这些建筑不单在中国，在任何地方都称得上优秀。袁世凯总统在任期间，西面的院落也大都进行了调整，新建了一些楼房。据《顺天府志》记载，这片建筑群始建于康熙年间，"圣祖尝亲临劝课农桑。雍正年间，每岁耕藉，先期演耕于此。乾隆年间踵而行之"。有些建筑或许在书中留有优美的名称，但如今早已被拆除，因为慈禧太后要建新的亭台楼阁：

园西有亭，曰荷风蕙露，与亭相对有门，门内为崇雅殿，殿东为静憩轩，西为怀远斋。又后有台，北面临水，其南隔水相对者，为纯一斋（见图125）。由德昌门折而西，有门东向，入门循山径南，为春耦斋，北向，斋后隔池相对者为听鸿楼。楼南径路盘纡，亭树间出，西北有小竹亭，南折而东，北向者为植秀轩，又折而西为石池。池穿石洞出，为虚白室，东向，室南有亭，曰竹汀，亭南为爱翠楼（见图133）。由竹汀再折而西，有棕亭一。又由爱翠楼南下，有佛宇一所，北向，临池额曰大圆镜。

这些新建筑中最为重要的是延庆楼（见图122），但在《顺天府志》中没有相应的记载。延庆楼是一组漂亮宅院的主建筑，楼高两层，侧翼为单层，栏杆、门窗雕刻精美。宅院的门外两侧矗立着一对景泰蓝铜狮子，院内假山嶙峋，梅树果实累累。这座宅院虽然面积不大，却比紫禁城中的很多大殿更为精致。春季是最适宜欣赏这些建筑和美景的季节，走在曲折的卍字廊中，五彩缤纷的雕梁画栋、闪亮的蓝色和黄色琉璃瓦顶，在满园枝繁叶茂、花团锦簇中更加绚丽夺目。遍览世界园林，如三海这般明艳且与自然环境和谐相融的建筑，十分罕见。每年农历二月十二，慈禧太后和妃嫔宫女们都会庆祝花朝节，将黄色或红色的丝带系到树枝上。早春时节，身着丝袍的女子们袅娜地游览于刚刚开放的百花之间，这是多么美妙的景致！如同明朝宫廷画家仇英的画作一般。三海与这样的场景格外相配，没有什么比这里更适合作为皇家女子节日游园的背景了。

前文介绍过中国皇家建筑的基本特征，其横梁立柱结构，以及马鞍形、金字塔形、圆锥形顶的飞檐，在三海建筑群中与自然最为和谐。有的亭子就像一棵粗壮的大树，顶部就像亭亭如盖的树冠；有的则像假山上蓊蓊郁郁的繁花。跟新建的西式楼房毗邻而立时，这些中式传统建筑与自然和谐一致的特点便更为明显。慈禧太后晚年时，专门为外国驻京公使夫人们建造了一座休闲之处，因为这里比较私密，如果建造在紫禁城中就会太过突兀。这也是一种外交手段，尽管有些西式的特征她并不喜欢。不过，这座建筑的内部仍然是中式装饰，还有一些出色的木雕。

袁世凯的所作所为争议更大。他将一座院落封上顶，改成了一片广阔的外交招待处。用的很可能是波纹马口铁，虽然我并不十分确定，但当时重建和修复工作使用了大量的这种材料。尽管袁世凯大兴土木,但他的艺术品位和对传统皇家建筑的了解可能连慈禧太后的一半都达不到。

慈禧太后掌权时,曾在中海西岸铺设西式的火车轨道。我觉得她同意铺设这条铁轨可能只是出于好奇,等她发现火车行驶时会浓烟滚滚、噪声巨大,便立即下令拆除了轨道。在这片绿柳荫荫的静谧美景中,铁轨和火车实在是格格不入。现在,这里依旧非常宁静,外国人很少能获准进入中海,除非受邀参加总统府的招待会或聚会;即便前往总统府,也不会走这条路。路的北端是一堵墙,将中海与一条公共道路隔开,这条道路联通金鳌玉蛛桥和皇城西部。走到这堵墙之前,会路过一座雄伟的大殿,其形制与紫禁城中的大殿一样,坐落在汉白玉台基上。这座大殿叫作紫光阁,以前皇帝在这里接见外国使节(见图140—图142)。据《顺天府志》记载,紫光阁改建于清朝,原本是检阅军队的地方:

> 圣祖常仲秋校射于此,嗣后于阁前试武进士,至今循以为例。乾隆年间,十全纪胜,凡在事诸臣,炳列丹青,并弄藏得胜灵纛及俘获军器。又自乾隆二十六年(1761年)后,外藩筵燕亦于此。阁后为武成殿,左右有庑,各十有五楹。又北为时应宫。

1873年6月29日,同治皇帝在这里会见了英、法、美、荷、俄、日六国公使。

紫光阁可能是三海建筑群中最大的一座楼阁,为两层,门窗雕刻精美。殿内高台上摆放着精雕细琢的皇帝宝座,后上方挂着一块黑色的匾额,上面刻着中文和满文。(见图142)

与之隔"海"相望的岬角上有一片院落,叫作万善殿(见图136—图139)。这是一座佛教殿堂,位于汉白玉台基上,为重檐殿顶。后面较小的圆形建筑叫作千圣殿,保护着里面的木制佛塔。站在台基上,可以看到中海的全貌和北海的一部分。一般认为,这些建筑为明朝时的遗存,我却认为这句话可能只说对了一半,因为其中部分建筑明显是后建的。

《顺天府志》中记载:

> 自万善门西行,抵水埠,有亭出水中,曰水云榭。石碣恭镌高宗御书太液秋风四字,即燕山八景之一也。

现在,这座亭子更为孤单了,因为通向岸边的桥已不复存在。银灰色的鹭为这里增添了些许生气,它们在石基边上安静地伫立着。

金鳌玉蛛桥是中海和北海的分界线,其名称源于桥两端的牌坊。这座桥联通紫禁城和皇城西部,对公众开放;但在桥南立着一堵墙,防止公众窥探南面的皇家建筑,所以在桥上只能看到北面的北海。北海风光旖旎,水面宽广而较浅,夏季遍布荷花,令人忘记身处森严的皇城当中。湖边有着城堞垛口的建筑叫作团城,其上有很多高大的柳树和椿树。向北走过堆云积翠桥,便来到了更大的琼华岛。岛上矗立着一座白塔,可以俯瞰全城。湖北岸的五龙亭为蓝色琉璃瓦顶，倒映在水面上；更远处的寺庙则是黄色琉璃瓦顶，掩映在绿树中。初春时，慈禧太后喜欢在堆云积翠桥上欣赏美景，看太监们种植莲藕。

团城不面向公众开放，只有得到特许的人方可进入，现在里面住着一些官员。从外部特征上看，巨大的城台建于元代，其上的建筑则属于乾隆时期。主建筑叫作承光殿，规模不大，里面供奉着一尊白玉释迦牟尼坐像（见图149—图150）。殿前庭院的玉瓮亭中，有一个硕大的杂色墨玉瓮（见图153）。据《顺天府志》记载，这个大玉瓮源于元代。其他建筑均沿着圆形的城墙排列，没有什么特别之处。独具特色和美感的是院子里的苍松翠柏，这些参天古树郁郁葱葱，探出城墙的枝条犹如健壮的手臂保护着团城。其中最古老的树是金代遗物，如承光殿前的那棵柏树（见图148）。

北海岸边和岛上古树众多，历经数百年风雨的树干多节而开裂，就像古建筑中磨损发黑的柱子。对于北海整体氛围的营造，古树与古建筑有着同样重要的意义。雕刻精美的汉白玉栏杆和色彩明艳的木制牌坊营造出闲适浪漫的氛围，而它们则在其中增添了厚重的几笔。

顺着桥从团城走到琼华岛，来到永安寺的山门前。寺庙围墙环绕，沿山势拾级而上，可一直走到白塔基座。寺内有两座石碑，一座是建塔石碑，时间为顺治八年（1651年）；另一座是纪念雍正十一年（1733年）重修。（见图157—图160）

永安寺的前殿叫作法轮殿，主殿普安殿建造在更高的台基上。再往后是善因殿，平面呈方形，基座两侧的台阶有装饰性的汉白玉栏杆。这座建筑像一座高高的小塔，殿内墙面镶砌着雕有佛像的琉璃砖；顶部分为两层，下层方形，上层圆形。殿中供奉着九头大威德金刚佛像，但艺术性不强。最高处的白塔为印度式，也叫舍利塔，外形就像一个巨大的长颈大肚瓶，顶部如同瓶盖。这座塔通体白色，位于北海的制高点上，在整个北京城内都能看到；其平台也是俯瞰北京城的最佳位置，可以看到三海建筑群的全部和紫禁城的一部分。深绿色和灰色的树林间露出黄色或蓝色的殿顶，犹如明亮的斑点一样夺目。

永安寺西面山间还有悦心殿、庆霄楼等三四座建筑。庆霄楼为两层，楼前有一道台阶（见图166—图168）。据《顺天府志》记载，"高祖每逢腊日，奉皇太后观冰嬉于此"。

白塔南面的这些建筑规模较大，西面和北面的建筑规模则较小，散布在山间和岸边，很难介绍清楚。以下引用《顺天府志》的相关内容，读者可以对它们有个大致了解：

> 由庆霄楼西折而下，有二道：其一，循楼而南，不数武有室，曰一房山，其房覆湖石而成；由房南间石岩，蟠旋而下，为蟠青室，室皆回廊环抱。由悦心殿西角门出，山半有亭曰揖山，其下有石桥，南北有坊各一，过桥，又南北有坊各一，桥之北正中为琳光殿（见图169）。其一，循楼转而北，有亭曰妙鬘云峰，历石磴而下，有殿曰水精域，再下为甘露殿（见图169），殿前即琳光殿。再转而北，长廊二十五楹，左右围抱相合者，为阅古楼（见图170），壁嵌三希堂法帖石刻。

原本在北山坡上的一些建筑现在已经无迹可寻了，但从以下的记载中，还可窥见其曾经的面貌：

　　倚石为洞，循洞而东，为写妙石室，室之东间为楼，缘梯而降，为石洞，循石洞东行数百步，再穿石洞而出，有小厂三间，曰盘岚精舍。再转而北，为环碧楼，由楼绕廊而下，为嵌岩室。再折西，山上有亭曰一壶天地，又西，有房为折扇形，曰延南薰（见图179），循洞门北行数十武，亦达折扇形房。自房而西，有亭曰小昆邱（见图180），亭西有平台石柱，为铜仙承露台①，又西，为得性楼，楼下为延佳精舍，稍北，为抱冲室。楼左右以山廊，历磴而下，为邻山书屋，与宙鉴室之北墙相通。其东为漪澜堂（见图181），堂正中北向者为碧照楼，楼长廊六十楹，左右环绕，极东曰漪晴楼，极西曰分凉阁，又碧照楼之左为远帆阁，亦北向。

　　从图171—图174可以看到，这些建筑都在岸边。沿岸弯曲的长廊不久前才重修过，上面的彩色图案十分鲜艳，明显是刚上的漆。琼华岛北麓还有慈禧太后建造的戏台，近水可以增强回声（见图174—图175）。其东面有晴栏花韵堂、紫翠房、莲华室等。这些建筑美观优雅，为中式洛可可风格，18世纪欧洲的很多园林建筑都效仿这一风格。19世纪末期，慈禧太后经常居住在这里，因此这些建筑大多被重建或重修过。近代的中式建筑鲜有创新，也没有很好地吸取西方的优长之处，但它们毕竟还是延续了汉唐时期的典型特征，与自然和谐地融为一体。

　　对面北海的北岸上，五龙亭矗立在水中的台基上。据《顺天府志》记载，中间的亭子叫作龙泽亭，左边为澄祥亭、滋香亭，右边为涌瑞亭、浮翠亭。这些亭子大小形状不一，但都为开放式，双排柱子支撑着顶部，重檐下层均为方形，上层则是圆形或方形。琉璃瓦顶和雕梁画栋色彩明艳，亭子结构精巧轻盈，如在画中。在明媚阳光的照耀下，亭子倒映在碧水中，宛若浮游在天上。

　　五龙亭后面还有小西天、大西天（即西天梵境）等几座寺庙，每一座寺庙都有大殿、高塔、门楼等，在此就不一一详述了。（见图186—图192）其中最妙的是万佛楼，外层以金色琉璃砖砌成，建于乾隆年间。1922年，徐世昌总统拨款重修极乐世界，但这次重修工艺十分粗糙。慈禧太后曾下令重修万佛楼后面的假山，她醉心作画时经常来这里。假山间的廊庑和亭子都十分漂亮，名字也很雅致，如沁泉廊、枕峦亭、抱素书屋、罨画轩、焙茶坞等。这是北京城中保存最为完好的中式园林之一，每个季节都有相应的鲜花盛开，每块石头都形态别致。

　　北海东北角有一片桑树林，里面坐落着先蚕坛，院中有亲蚕殿和浴蚕池，红墙绿瓦与四周绿树形成了鲜明对比。（见图198—图202）每年春天，皇后都会在这里主持仪式祭

---

①铜仙双手托盘承接甘露，古人认为饮服神露可以长生不老。——译者注

祀蚕神，就像皇帝在先农坛祭祀农神一样。清晨，皇后身穿礼服，妃嫔宫女们同样身着盛装，一同来到先蚕坛。皇后先进入亲蚕殿祭拜嫘祖，其余人则在亲蚕门外等候。嫘祖是轩辕黄帝的元妃，传说她发明了养蚕制丝技术。在进献牛、羊、猪三牲后，皇后在蚕神神位前行三叩九拜礼。礼毕，一行人来到采桑台，按照等级采摘相应数量的桑叶。慈禧太后很注重养蚕，她准许一些妃嫔宫女养蚕，观察蚕的生长。而今，先蚕坛已经荒芜了20年，院中杂草丛生，浴蚕池也干涸了，只有亲蚕殿还保存完好。殿内高台上立着皇后的宝座，饰有凤凰图案，整体感觉偏女性化，与紫禁城金碧辉煌的三大殿完全不同（见图201）。

关于北海，还有很多建筑特点和历史故事可以讲述，但无论描绘得多么细致，都无法展现其美景。沿岸边漫步过的人都会认为，与雕梁画栋、红墙绿树、汉白玉台阶等呈现出来的景色相比，那些建筑本身似乎算不了什么。湖畔垂柳依依，槐花清香阵阵，湖岸被茂盛的灌木掩藏，湖面被渐长的荷叶铺满，银灰色的鹭搅碎如镜水面，清脆的鸽哨划破万里长空。一叶小舟轻柔地驶过，在这样的静谧当中，时间的脚步仿佛也慢了下来。在匆匆游览的人看来，北海是个衰颓的公园，里面的建筑曾经华美，如今却已荒废，失去了往昔荣光，而在静心倾听岁月诉说的人眼中，这里会引人思索宫廷中的私人情趣。尽管皇室高高在上、礼仪烦琐，但他们也有自己的梦想和乐趣，也会在自然中寻求灵感和安宁。

图106.南海（远处是瀛台）

图107.南海瀛台迎薰亭内望向新华门北面

图108.瀛台翔鸾阁

图109.翔鸾阁

图110.瀛台藻韵楼

图111.瀛台香扆殿

图112.瀛台春明楼

图113.瀛台湛虚楼

图114.瀛台迎薰亭

图115.瀛台牣鱼亭

图116.瀛台垂虹亭

图117.瀛台钓鱼亭和岸上的假山

图118.南海怀抱爽亭

图119.南海云绘楼

图120.南海宾竹室

图121.中海码头

图122.中海延庆楼

图123.延庆楼内院侧面

图124.中海福昌殿大门

图125.中海纯一斋

图126.中海花园中的长廊

图127.中海双环亭

图128.双环亭

图129.双环亭左面的河及两岸廊庑

图130.中海卍字廊

图131.卍字廊另一侧

图132.中海水云榭及东岸

图133.中海爱翠楼

图134.中海西岸

图135.中海水云榭

图136.中海万善殿

图137.中海紫光阁北面内院

图138.中海万善殿后面

图139.万善殿大门

图140.中海紫光阁

图141.紫光阁的汉白玉台基

图142.紫光阁内景

图143.金鳌玉蝀桥

图144.金鳌玉蝀桥西的三座大门

图145.北海团城西侧和牌楼

图146.北海南面

图147.北海团城乾光右门

图148.团城上的古树

图149.团城承光殿

图150.承光殿内的玉佛

图151.团城敬跻堂

图152.团城亭前的古树

图153.团城承光殿前渎山大玉海

图154.团城亭前的山字石

图155.北海堆云积翠桥

图156.北海琼华岛和上面的白塔

图157.琼华岛永安寺前面的堆云坊

图158.永安寺前面的紫照坊

图159.永安寺内的引胜亭

图160.永安寺大门

图161.永安寺内的法轮殿

图162.永安寺白塔前面的普安殿

图163.永安寺白塔东面的般若香台

图164.永安寺白塔前面的善因殿

图165.善因殿侧面

图166.琼华岛庆霄楼正面

图167.庆霄楼侧面

图168.庆霄楼前面的悦心殿

图169.琼华岛琳光殿和甘露殿

图170.琼华岛阅古楼

图171.琼华岛漪晴楼

图172.琼华岛漪澜堂外的长廊

图173.漪澜堂建筑群之远帆阁

图174.漪澜堂建筑群之戏园大门

图175.从琼华岛望向北海北岸

图176. 琼华岛晴栏花韵堂前的戏台

图177.琼华岛分凉阁

图178.琼华岛见春亭

图179.琼华岛延南薰亭

图180.琼华岛小昆邱

图181.琼华岛漪澜堂部分

图182.琼华岛春阴碑

图183.琼华岛铜仙承露台

图184.北海五龙亭中的一座

图185.五龙亭

图186.北海西天梵境前的须弥春牌楼

图187.西天梵境全景

图188.西天梵境华严清界殿

图189.西天梵境七佛塔亭

图190.北海小西天

图191.小西天东面和牌楼

图192.小西天内的极乐世界

图193.北海静心斋

图194.静心斋内的枕峦亭

图195.静心斋内的叠翠楼

图196.静心斋内的沁泉廊和北垂亭

图197.静心斋内的庵画轩

图198.北海先蚕坛大门

图199.先蚕坛亲蚕门远景

图200.亲蚕门近景

图201.先蚕坛亲蚕殿内景

图202·亲蚕殿

图203.北海石桥

图204.北海九龙壁

第三章 夏宫

北京城中前朝留存下来的宫苑并不能满足康熙、雍正、乾隆三位皇帝，他们在城外新建了夏季行宫。明朝时的夏宫位于城南，而17—18世纪，清朝建的夏宫位于北京城外西北方向约10公里的地方。旧夏宫即圆明园，已经被火烧毁，只有少量遗迹残存；皇家猎苑即静宜园和玉泉山，也已经荒废。只有新夏宫——颐和园保存完好，因为约30年前慈禧太后对其进行过修复。总体而言，这些宫苑的美妙之处在于其自身与自然能和谐相融，而不是纪念碑式的建筑。哪怕是主建筑已经被毁的圆明园、静宜园、玉泉山，依然能够从中发现一些美景。我们很难用文字呈现它们的美，其一是篇幅不允许，其二是没有必要——照片足矣。不过有关它们的历史背景，还需要简单介绍一下。

　　圆明园占地面积极广，据说始建时①周长就超过了20公里，最早的建筑是建于康熙年间的畅春园。雍正二年（1724年）圆明园开始扩建。乾隆年间新建了更多的园子，除了传统的中式建筑之外，还有西式的宫殿、园林和喷泉。现在，圆明园仅存的建筑遗迹就是西洋楼，因为其建筑材料除了木材之外，还有大量砖石，这才让其得以从1860年的大火中残存下来。

　　关于乾隆年间圆明园的扩建情况，可以从曾任画师、机械师的法国传教士的记述中了解。在辛亥革命之前，他们是西方人中最容易自由进出皇宫的那批。其中尤为值得一提的是王致诚②于1743年11月1日写给达索先生的信③。《耶稣会士书简集》（*Lettres Étudiantes et Curieuses*，巴黎，1781年）第22卷全文收录了这封信，此处只引用几段。他先简要介绍了中国的皇宫，认为圆明园的占地面积跟第戎城差不多，然后说道：

　　圆明园简直太美了！园中十分辽阔，人工堆建了很多高达五六十英尺的小山。山间沟壑纵横，清澈的小溪时而分岔，时而汇合，形成喷泉和湖泊。……

　　山谷中有一些建筑。正面的窗户和柱子最为抢眼，所有的木制构件都是先漆成黑色，再涂上金色。墙是用灰砖砌成的，光滑而大气。屋顶上覆盖着红、黄、蓝、绿、紫等颜色的琉璃瓦，巧妙地组成了美丽的图案。这些建筑大都是单层，台基高2、4、6、8英尺不等，台阶似乎是天然的石头，表面并不平坦。

　　每道山谷中都有特定的建筑。虽然与全园相比并不算大，但也足够供欧洲最高贵的亲王暂住。所用的木料有些是从500里外运来的。这样的建筑在圆明园中有200多组，还不包括太监们的住所。……溪上的桥形态各异，有的是雕刻精美的汉白玉栏杆。

　　园中最美的地方要数湖中央的一座小岛。这是一块高出水面约6英尺的巨大石头，上面的

---

① 据《顺天府志》记载，圆明园始建于康熙四十八年（1709年），"为世宗宪皇帝藩邸赐园"。这本书中有关圆明园的介绍只是一系列建筑名称，没有必要加以引用，因为这些建筑都已不复存在。微席叶先生曾在《法中友好协会通讯》（1913年10月，303—306页）上发表文章，专门阐述圆明园的重要意义。
② 王致诚（Jean Denis Attiret, 1702—1768），法国天主教耶稣会传教士，自幼学画于里昂，后留学罗马，主攻油画人物肖像，乾隆时受召供奉内廷，自学了颇多中国绘画技法，并另立绘画新体。——编者注。
③ 康巴斯（Combaz）的《中国皇宫志》（布鲁塞尔，1909年）也引用过这封信。

建筑群有100多个房间。在这里可以看到湖岸上的所有宫殿和后面的小山。山上流下来的溪水汇入湖泊，交汇处建有小桥，桥上有亭子和牌楼。茂密的树林将建筑掩藏起来，近邻也很难直接看到彼此。……

　　皇帝居住的地方离大门不远，在正大光明殿的院落后面。这片小岛周围的水流较宽，拥有精巧得超出想象的家具、装饰、画作、木器、漆器、花瓶、瓷器、丝绸……

　　欧洲的建筑往往追求风格一致、左右对称、相互均衡，北京的皇宫、王府、衙门也往往如此。而在圆明园，不规则、不对称随处可见。这里追求的是自然，如同身处僻静的乡间。……每一座建筑都浑然天成，无须与其他建筑相呼应。……但这里并不粗野，反而十分雅致。其精妙之处并不能一眼看出，而需要慢慢回味。

　　亲眼见过中式宫苑的人都会同意王致诚传教士的描述，只不过他在强调园中建筑的差异性上有些夸大其词。不仅对圆明园，对三海的一些建筑也是如此。圆明园里的中式建筑已然不复存在，满目皆是杂草，水流也早已滞塞，我们只能从唐岱、沈源等绘于1744年的《圆明园四十景图咏》[①]中略知一二。这幅工笔画现藏于法国国家图书馆，画幅约1平方米，以俯瞰的视角展现出园中一些重要的建筑及周边风貌。这些建筑的风格跟紫禁城、三海建筑群完全一致，主建筑位于汉白玉台基上，较小的建筑掩映在绿树鲜花中，土丘和假山延绵不绝，小溪和湖泊点缀其间，引人入胜。

　　圆明园中的西洋楼始建于1747年，主要由意大利耶稣会传教士、画家郎世宁设计，其喷水工程则由法国耶稣会传教士蒋友仁[②]设计监修，他大概非常了解巴黎凡尔赛宫和圣克卢宫的喷泉。从圆明园及相关遗迹来看，郎世宁的灵感可能主要是来自意大利的巴洛克建筑，有些建筑的正面造型以及门、窗上方的曲线使人想到博罗米尼的设计以及建于16世纪末的热那亚王宫。总体而言，法式建筑的影响并不明显，只有部分建筑的正面造型、墙上的一些装饰图案等，如贝壳装饰、花环、神龛、壁柱等会使人想到路易十五时期的雕塑。然而，郎世宁在运用这些装饰图案方面没有依照法式传统。西洋楼的规制较为随意，构件沉重，檐口庞大，涡纹凸起，支柱相比其上的构件较小，壁柱上刻有横纹，这都是意大利的巴洛克风格，不是18世纪初的法式风格。（见图206—图224）

　　除了残存的遗迹之外，我们还可以从20幅铜版画中了解西洋楼的外观。晁俊秀在写给德拉托尔先生的信中提到，这组画制于1786年，是郎世宁的两三名中国学生遵皇帝旨意，并由皇帝亲自指导制作的。他们此前跟着郎世宁学习过制作铜版画，这是中国人第一

---

① 《圆明园四十景图咏》也有铜版画版本，有的地方略作了修改。制作铜版画的是宫廷画师，撰写说明文字的是乾隆皇帝的大臣、书法家汪由敦。关于这些铜版画及画师的详细信息，参见伯希和：《大清皇帝的征战》(Les Conquetes de l'Empereur de la China)，《通报》，1920—1921年，231—234页。
② 蒋友仁 (P. Benoist Michel, 1715—1774)，法国耶稣会传教士，天文学家、地理学家、建筑学家。乾隆九年(1744年)抵澳门，经钦天监监正戴进贤推荐奉召进京。他曾参与圆明园内若干建筑物的设计，还著有《皇舆全图》《新制浑天仪》等书。——译者注

次用铜版画的形式绘制界画。1787年底，德拉托尔收到画作后，高度赞赏这些中国学生的技巧。这些铜版画的印刷量很少，现在已经很少见到了，但在北京还有它们的照片。本书中收录了一些复制品，对照现存的遗迹，就能对西洋楼有更为完整的印象（见图208—图223）。铜版画的原始测绘图肯定是设计西洋楼的耶稣会传教士绘制的，1794年，广州的荷兰商馆大班范罢览[①]将它们复制，配上说明文字，装订成一本图集送给法国政府。现在，这本图集收藏在法国国家图书馆，但原作已不知去向。[②]

这些在中国建造的西式建筑工艺水平并不算高，显然算不上建筑史上的杰作；但中国的工匠能在西方传教士的指导下，完成如此庞杂的装饰、雕塑等细节，依然值得称赞。西洋楼的柱子和台阶都是汉白玉制成，墙壁则由砖砌，覆上石灰后涂成红色。喷水工程中最为出名的是由十二生肖兽首组成的大水法，位于西洋楼的中心，即海晏堂前面，每隔两个小时，相应的兽首就会喷水。

1786年，在晁俊秀写给德拉托尔先生的信中，也讲到了西洋楼和大水法：

依据寄去的20幅铜版画，你可以对圆明园西洋楼有所了解和判断。这是中国人第一次制作铜版画，由乾隆皇帝亲自指导。西洋楼从里到外完全是西式风格，没想到皇帝已经收集了这么多西方的艺术品。你问过我，皇帝有没有威尼斯和法国的玻璃制品；现在我回答你，30多年前他就有玻璃制品了，到现在收集了太多，都不知道该怎么处理了。他还命人将大量玻璃切成小块，做成西洋楼的玻璃窗。为了展示1767年法国皇室赠送的哥布林挂毯，乾隆皇帝建造了一座长70英尺的大殿，殿里摆满了精美的镜子和各种家具，在里面行走必须非常谨慎。很多家具上镶嵌着大量宝石，价值二三十万里拉。

你是否想知道在蒋友仁神父去世之后，圆明园里的喷泉和溪水还能否正常喷涌，有没有能修理喷水工程的传教士。事实上，他制造的能喷水的机械装置已经出了问题，但没有人想要修理。他们很少主动放弃旧的习俗，而且总是向尽可能多的人提供工作机会，以免惹是生非，因此改成了人工提水。皇帝来西洋楼巡视之前一两天，他们便雇佣大量劳动力，一点点灌满巨大的蓄水池，确保皇帝路过时，所有的喷泉看上去都正常。[③]

由此可见，乾隆时期这些喷水工程就已经开始衰败了，难怪1860年英法联军占领圆明园时，发现这里早已年久失修。当时西洋楼是完好的，里面收藏着各种珍品，瓦兰·保罗和赫里松的著作可以证明这一点。但在士兵们大肆抢掠以及额尔金下令放火后，圆明园这座可能是近代最为奢华美妙的宫苑就此沦为了废墟。

1873年，同治皇帝想重建圆明园，但由于经费不足，很快就搁置了。对于19世纪末的

---

① 范罢览（A. E. Van Braam Houckgeest, 1739—1801），荷兰人。清朝乾隆二十三年（1758年）来华，在广州任荷兰第三商务监督，后入美国籍，著有《北京之行》一书。——译者注
② 伯希和，《大清皇帝的征战》，《通报》，1920—1921年，232—238页。
③ 德拉托尔，《中国建筑彩绘笔记》（*Essai sur l'Architecture des Chinois*），215页。

清朝而言，这项任务过于艰巨，即便财政状况比实际稍好一些也很难完成。后来的重建工程主要是在颐和园中进行，虽然它也遭受了火灾的毁坏，但比圆明园的受破坏程度稍轻。1895年[①]，慈禧太后重建了颐和园中的大部分建筑，并亲自参与规划设计，这里成了她最常居住的地方[②]。

1914年，颐和园向公众开放，人们才得以领略颐和园如画般的美景。它主要由万寿山和昆明湖构成，后者得名于汉武帝在长安开凿的昆明池。乾隆时期就已经确定了其基本形制，并在湖边置放了那头巨大的铜牛。湖中的小岛为石基，岛上有假山，山上有小路和一些建筑。小岛和湖岸以十七孔桥连接。远处是高耸的玉带桥，架在汇入昆明湖的运河上。离湖岸几英尺处还有一艘汉白玉石舫，下层就像大型平底帆船，上面有两层船楼。颐和园的主要建筑位于万寿山东南侧的山脚，如同一座小型的紫禁城，有处理政务的大殿，也有寝宫和侍从们的住所，还有寺庙、戏楼，以及其他实用场所。从建筑特征上讲，它们并没有什么特别之处，因而无须详述。值得一提的是山上的建筑，沿着漫长的石阶向上，山腰处是八面三层四重檐的佛香阁，位于方形台基上；再往上到山顶最高处是智慧海，外层全部用精美的黄、绿色琉璃瓦装饰，还镶嵌着千余尊琉璃佛。佛香阁西侧还有一座铜亭，据说是传教士遵照乾隆皇帝的旨意铸造而成。站在山顶，颐和园的美景尽收眼底：东南方是北京城，西部是重重山峦，园中山水相依。（见图225—图237）

沿着石板路在园中游览，时而经过长廊，时而穿过牌坊，在此可以体会到慈禧太后的高雅情趣。她对自然的崇尚与热爱，在这些精巧、通透的建筑中体现得淋漓尽致。前往颐和园拜见慈禧太后的西方人，无不沉醉于园中的景致，折服于她将建筑、生活、自然融为一体的才华。凯瑟琳·卡尔女士在为慈禧太后画肖像画的几个星期中，曾有机会感受颐和园中的生活以及观察后宫中的人物。以下引文出自她的《慈禧写照记》一书：

> 太后、皇帝、皇后及其随从们居住的地方都在昆明湖东南角。那里就像一座小型城市，有戏楼、大殿、寺庙、亭子、茶楼等。园里合适的地方都有相应的建筑。
>
> 一道汉白玉堤坝沿湖岸延伸，每隔一段就有一座亭子，或使湖岸不再单调，或凸显出湖岸自然的缺口。还有一座码头，湖水拍打着石阶，栏杆的柱头雕刻成荷花形状。
>
> 山顶的寺庙叫作智慧海，从湖岸要走几百个台阶才能抵达。路旁有很多精美的宫殿，不时还能看到华丽的牌坊。湖中央有一个绿色的小岛，岛上也有宫殿和寺庙，建筑与岛上的岩石相互协调。优雅的十七孔桥将小岛与湖岸联系起来。……自然与艺术交汇融合，难分难舍。

①1894年建园工程大体完成。——译者注

②凯瑟琳·卡尔在《慈禧写照记》（伦敦，1906年，200页）中写道：

慈禧太后非常喜欢新夏官——颐和园。义和团运动之后，八国联军占领北京，驻扎在紫禁城和三海周围，对那里造成了很大的破坏。从那以后，她便几乎一直住在颐和园——一年中有八九个月，从初春一直住到冬天，直到深冬不适合外出时才离开。对于颐和园宽敞的宫殿而言，中式小瓷炉的火力实在有限，太后也不怎么用地暖，她不怕冷。但官员们要冒着严寒长途跋涉到颐和园议政，实在很辛苦，所以她才决定冬天时回紫禁城。

简洁的线条、完美的比例、和谐的色彩,使这些建筑完全融到自然风景当中。

中式建筑实质上是一种完美的、持久的"帐篷",跟游牧民族的帐篷有着同样的结构。屋顶和檐角的曲线跟帐篷的屋顶一致,柱子就是帐篷加粗的支柱,上翘的檐角就是帐篷的角,屋檐上的装饰就是老式帐篷的流苏和短幔。

总体而言,这些评价是对的,但中式建筑主要源于帐篷这一观点,我并不认同。中国传统建筑形式可能源自印度或中亚,但其房顶跟帐篷很像这是毫无疑问的。

玉泉趵突是燕京八景之一,去过那里的人都会赞同这一点。论自然风光,这里称得上是燕京八景之最。群山叠嶂,绿树成荫,在自然的映衬下,连断壁残垣也有其独特之美。林间湖泊澄澈清透,汇聚了股股如玉清流,玉泉山因此而得名。湖泊后的山层层升高,顶峰处建有多座宝塔。眼前澄碧的湖泊和远处错落有致的群山,令人心旷神怡。

旧日的寺庙、宫殿、亭子等现今已大多被毁,建于康熙年间或更早时期的道路和桥梁也已残缺不全。只有那三座著名的宝塔依旧巍然耸立(见图241—图243),还有一些精巧的宫墙和大门。如果我们仔细研究那些遗迹和移作他用的建筑(如汽水公司),应该能辨认出地方志中记载的著名宫苑。然而,对于其皇家特色来说,我们所知的仅限于此了。现在,玉泉山的主要魅力在于自然。游人和市民经常会在温暖的时节到玉泉山的小旅馆住几天。因此,没有必要过多引用地方志中的记载,《顺天府志》中的部分内容足以使我们感受其往昔盛况:

静明园在玉泉山之阳,园西山势窈深,灵源浚发,奇征趵突,是为玉泉。山麓旧传有金章宗芙蓉殿址,无考,惟华严、吕公诸洞尚存。康熙十九年(1680年)建,初名澄心,三十一年(1692年)始易今名,高宗御制十六景时。

宫门南向,门外东、西朝房,左右罩门二,前为高水湖。宫门内为廓然大公(乾隆皇帝《题静明园十六景》中第一首诗描写的地方),正殿东西有配殿。廓然大公之北临后湖,湖中为芙蓉晴照(乾隆皇帝《题静明园十六景》中第二首诗描写的地方),西为虚受堂。堂西山畔有泉,为玉泉趵突(乾隆皇帝《题静明园十六景》中第三首诗描写的地方),旧称玉泉垂虹。第垂虹以拟瀑泉则可,若玉泉则从山根仰出,喷薄如珠,实与趵突之义阢合。泉上碑二:左刊天下第一泉五字,右刊高宗御制玉泉山天下第一泉记,汪由敦敬书。石台上复立碣二:左刊玉泉趵突四字,右勒上谕一道。其上为龙王庙,庙南,循石径而入,为竹垆山房(乾隆皇帝《题静明园十六景》中第四首诗描写的地方),仿惠山听松庵制得名。南为开锦斋,后为观音洞。……

北京城周围的皇家行宫中,被毁坏最严重的是皇家猎苑静宜园。它位于西山最美的部分 —— 香山,康熙年间就修建了平坦的道路、假山、园林和夏季行宫,乾隆十年(1745年)进行了扩建。乾隆皇帝非常喜欢这里,从他创作的诗歌中就可以看出。这座园林可能是清朝末年才废弃的，在辛亥革命前后遭到了很大的破坏，其看守者趁乱砍掉了山上珍贵的古树卖钱。不久，两位中国慈善家买走大片土地，开办了男校和女校。更高处有一座小旅馆，供游人休憩。皇家建筑已然消失，只剩下台基和石阶，但还有一些苍松翠柏，流露出古老的韵味。（见图246—图258）以下引用《顺天府志》中对于旧日静宜园的记载：

　　园前为城关二，由城关入，东、西各建坊楔，中架石桥，下为月河。度桥，左右朝房，宫门内为勤政殿，南北配殿。殿前为月湖，北为致远斋，斋西为韵琴斋，为听雪轩，东有楼为正直和平。

　　勤政殿后，西为横秀馆，东向，其南亭为日夕佳，北为清寄轩。横秀馆后建坊座，内为丽瞩楼，楼后为多云亭，南为绿云舫。

　　丽瞩楼迤南为虚朗斋，相传即永安村。斋前石渠为流觞曲水，南为画禅室，后为学古堂，东为郁兰堂，西为贮芳楼，又后宇为物外超然，其外东、西、南、北四面各设宫门。

　　东宫门外石路二，南达香山，东建城关，达于带水屏山。带水屏山，门宇南向，西为对瀑，北为怀风楼，其左为琢情之阁，东南为得一书屋，西为山阳一曲精庐。带水屏山瀑泉，自双井迤逦东注，至是汇为池。

　　除此之外，《顺天府志》中还记载了青未了、驯鹿坡、龙王庙等几座小型建筑，现残存的顶部有彩色琉璃瓦、精雕细琢的大型牌楼可能就是龙王庙的遗迹。

　　北京的一些王府也具有很高的建筑艺术价值。虽然有些已经陈旧，或近年来经过了改造，但仍能使人感受到它们的魅力。它们的衰落没有削弱其美感，反而使其与自然联系更为紧密，更具"大隐隐于市"的氛围。繁华退却，只余旧日回忆。郑王府就是如此，院中长满了野草，只有一些小房子还住着人。醇亲王府曾是清朝最后一位皇帝其父亲的府邸，修复了大部分。礼王府保存得更为完好，不仅有后建的房屋，还有一部分建筑可能建于明朝。

　　北京原本有八大王府，属于清朝入关后第一位皇帝册封的八位"铁帽子王"。这些王府的规制与圆明园相一致，皆为高墙围起的院落，主建筑后面有大花园。较为重要的王府一般有15或17个院落，大小不等，但都呈矩形，建筑结构相近，但小于皇宫的规模。王府的前院一般比较空旷，只有石板路相隔；后院则有各种植物，如同花园。限于篇幅，在这里不对这些王府做详细介绍，照片更为直观。不过，照片能否展现王府的艺术特点，取决于王府的保存状况和照片的拍摄季节。

　　礼王府可能是北京最老的一座王府，始建于明朝，原来是周奎的宅邸，顺治皇帝将它赐给了礼亲王，现在属于该家族收养的一个继承人。礼王府中的一些建筑可能建于明朝，如银安殿。其大门堪称是北京最坚固的建筑之一，从未重修过，而府邸于19世纪末重修。礼王府（见图259—图263）的花园占地面积很大，但不像其他王府的花园那样有所创新。

郑王府原本属于明朝的一位大臣，其规制沿袭明朝，但建筑是后建的。初代郑亲王济尔哈朗是清太祖努尔哈赤之侄，为清朝初年的"铁帽子王"之一，爱新觉罗·昭煦任末代郑亲王。从清初到清末，郑王府经历了大规模扩建。咸丰年间，郑王府被抄没，此后，郑王府便荒废了，建筑破旧不堪，花园杂草丛生。不过繁盛的植被却使其比其他王府更为浪漫。

图205. 圆明园古桥

图206. 圆明园内的日晷旧台

图207.圆明园西洋楼遗址

图208.西洋楼遗址全景

图209.西洋楼海晏堂（铜版画）

图210.海晏堂（现况）

图211.海晏堂南面（铜版画）

图212.海晏堂南面（现况）

图213.海晏堂蓄水楼（铜版画）

图214.蓄水楼（现况）

图215.西洋楼方外观（铜版画）

图216.方外观（现况）

图217.西洋楼养雀笼（铜版画）

图218.养雀笼（现况）

图219.西洋楼大水法（铜版画）

图220.大水法（现况）

图221.西洋楼远瀛观（铜版画）

图222.远瀛观（现况）

图223.西洋楼观水法（铜版画）

图224.观水法（现况）

图225.颐和园万寿山和昆明湖

图226.万寿山排云殿和佛香阁

图227.万寿山佛香阁

图228.万寿山长廊外观

图229.万寿山长廊内景

图230.在万寿山长廊内看到的景色

图231.万寿山花园中的石桥

图232.颐和园仁寿殿

图233.颐和园文昌阁和知春亭

图234.颐和园昆明湖南岸的牌楼

图235.颐和园石舫

图236.颐和园严清堂

图237.颐和园万寿山码头

图238.玉泉山

图239.玉泉山顶的玉峰塔

图240.玉泉山上的古墙

图241.玉泉山上的华藏塔

图242.玉泉山上的琉璃塔

图243.玉泉山上的玉峰塔

图244.玉泉山地藏洞摩崖石刻

图245.玉泉山玉宸宝殿

图246.香山静宜园

图247.静宜园内的铜狮子

图248.静宜园内的铜狮子

图249.静宜园内的古树和假山

图250.静宜园内的古松

图251.静宜园内的古松

图252.香山昭庙琉璃塔

图253.香山上的路

图254.香山上的石阶

图255.在香山门内看到的景色

图256.香山上的琉璃牌楼

图257.香山琉璃牌楼前的古松

图258.香山女校

图259.礼王府大门

图260.礼王府大门内景

图261.礼王府内的兰亭书室

图262.礼王府内的清音斋

图263.礼王府内的银安殿侧面

图264.郑王府内的银安殿

图265.郑王府内的神殿

图266.郑王府银安殿内景

图267.郑王府神殿内景

图268.郑王府来声阁

图269.郑王府为善最乐堂

图270.郑王府净真亭

图271.郑王府跨虹亭

图272.郑王府西仙楼

图273.郑王府天春堂

图274.郑王府望日门

图275.醇亲王府花园中的亭子

图276.醇亲王府花园长廊

图277.海淀礼亲王花园

图278.礼亲王花园大殿

图279.礼亲王花园中的花石山

图280.礼亲王花园中的亭子

图281.海淀僧王园前院

图282.僧王园长廊

图283.僧王园中的亭子

第四章　皇城平面图

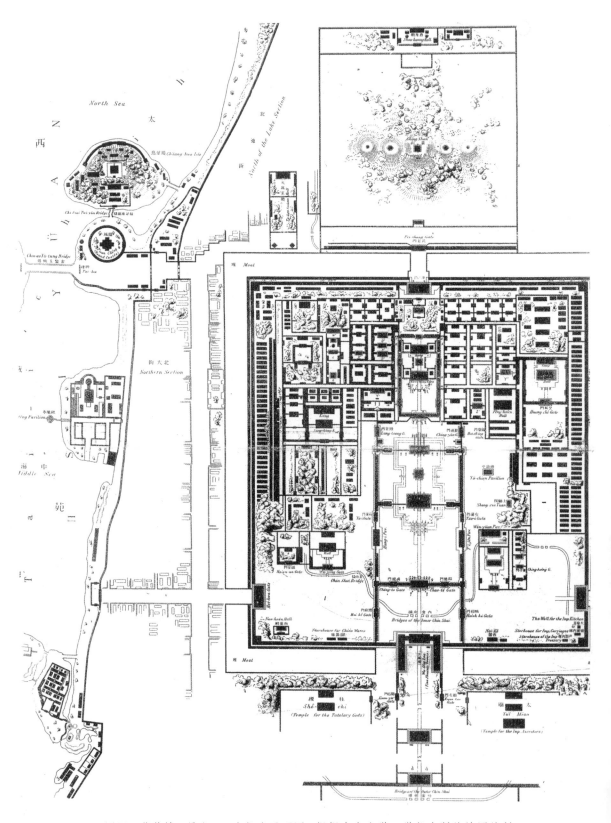

图284.紫禁城、景山、三海部分平面图。根据东京大学工学部出版的地图绘制

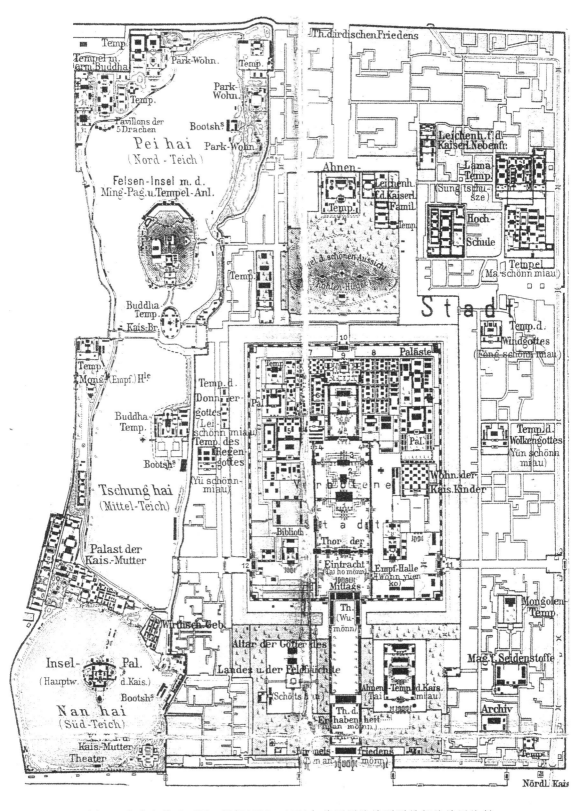

图285.北京皇城平面图。根据1900—1901年德国军队地形测量部的地图绘制

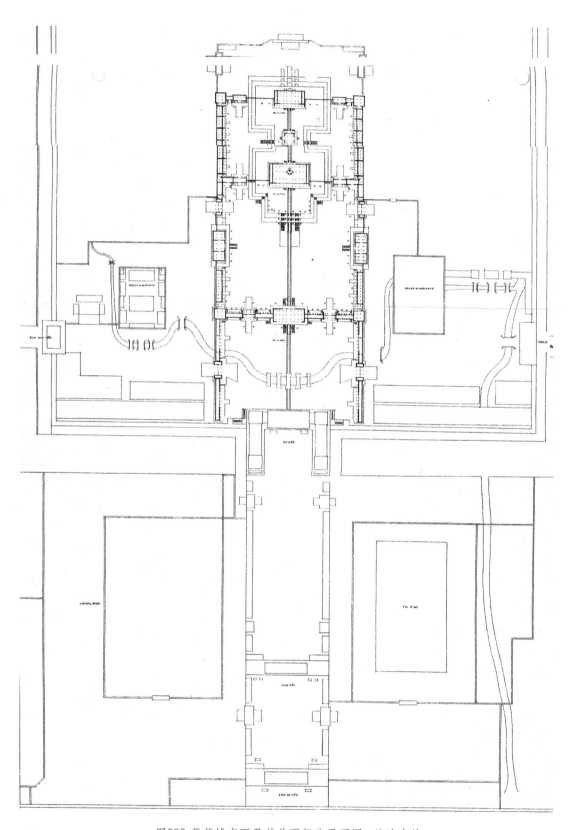

图286.紫禁城南面及其前面部分平面图。施达克绘

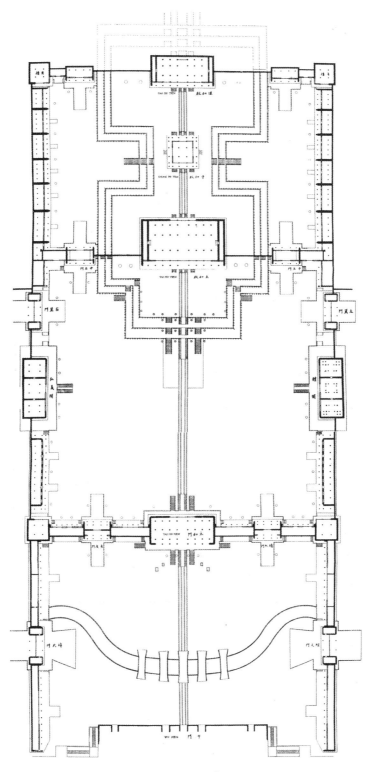

图287.紫禁城收归国有部分①平面图。施达克绘

---

①是指1911年辛亥革命后民国政府将其收为国有。——译者注

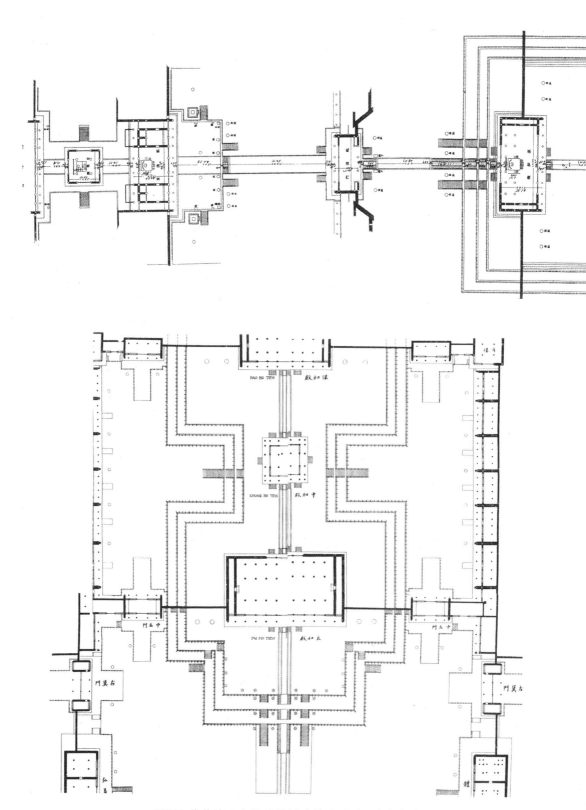

图288.紫禁城三大殿及周围建筑平面图。施达克绘

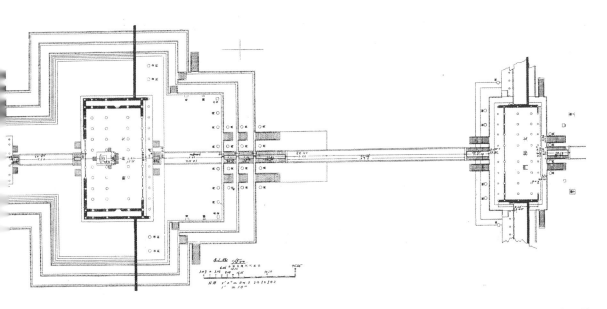

图289.紫禁城中轴线建筑平面图。本图及后面的平面图均获伊东忠太教授允许引自《东京大学工学部的报告》(1903年)

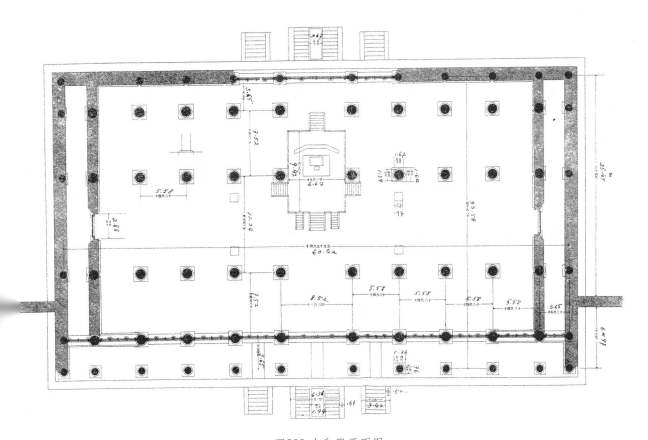

图290.太和殿平面图

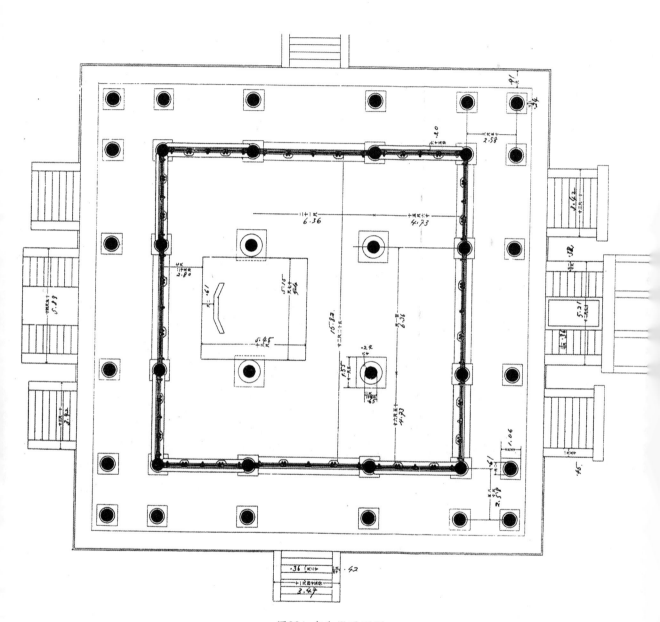

图291.中和殿平面图

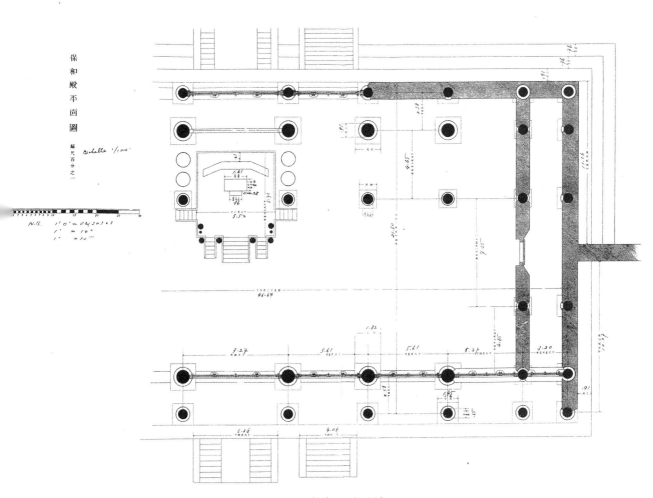

图292.保和殿平面图

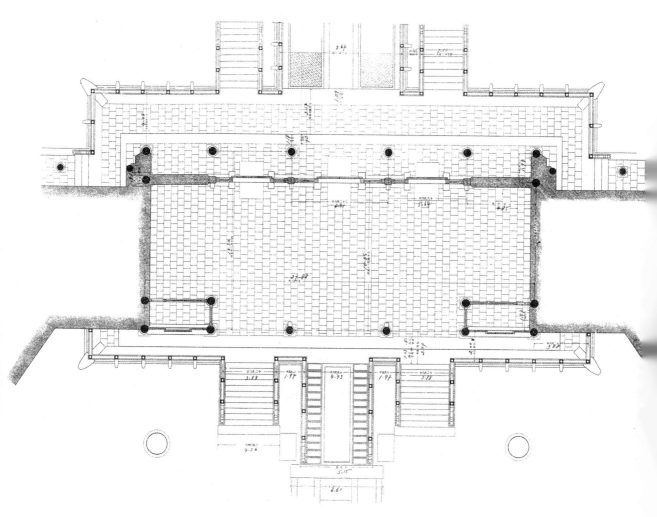

图293.乾清门平面图

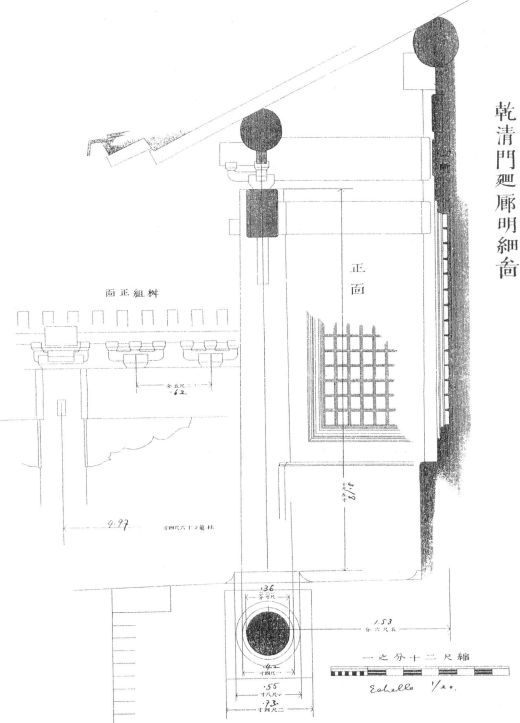

乾清門廻廊明細啚

面正組枓

正面

11. — K'ien Ts'ing men; coupe de la galerie en façade.

11. — Ch'ien Ch'ing Mên; cross section of the front gallery.

图294.乾清门廊庑详图

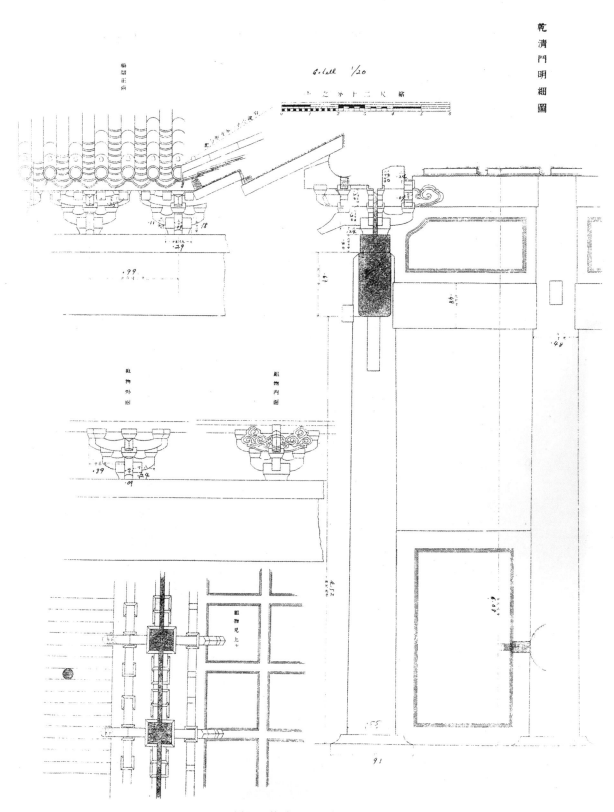

图295.乾清门殿顶构造详图

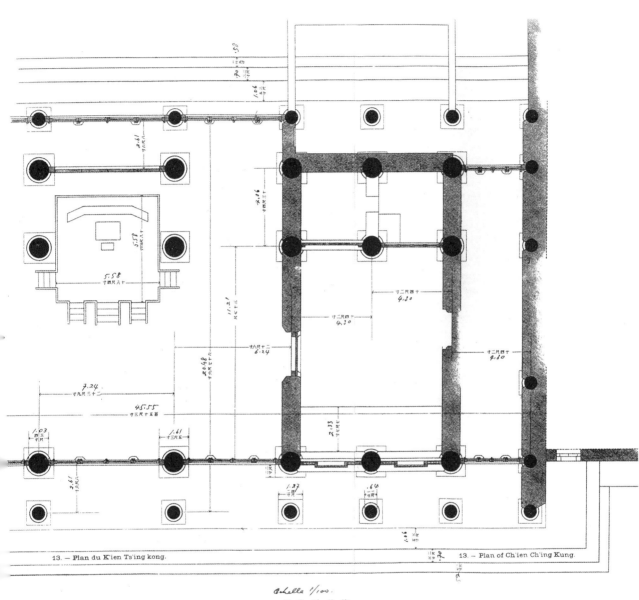

13. — Plan du K'ien Ts'ing kong.

13. — Plan of Ch'ien Ch'ing Kung.

图296.乾清宫平面图

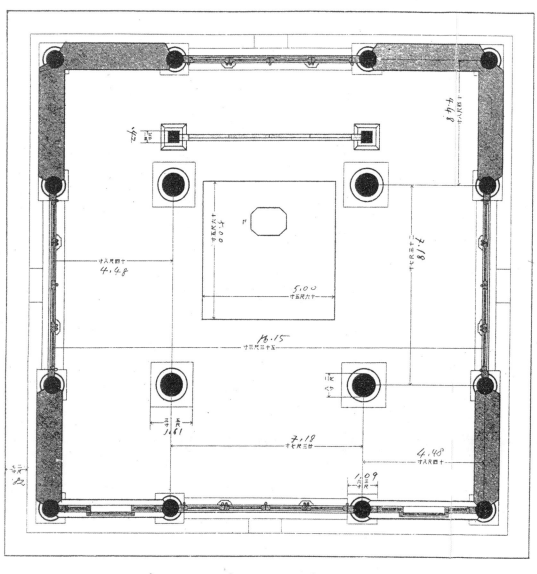

図297.交泰殿平面図

赵省伟:"西洋镜""东洋镜""遗失在西方的中国史"系列丛书主编。厦门大学历史系毕业,自2011年起专注于中国历史影像的收藏和出版,藏有海量中国主题的法国、德国报纸和书籍。

喜仁龙:20世纪西方极为重要的中国美术史学家、首届查尔斯·兰·弗利尔奖章获得者。曾担任瑞典斯德哥尔摩大学美术史教授、瑞典斯德哥尔摩国家博物馆绘画与雕塑部管理员等职。自1916年起,先后赴美国耶鲁大学、哈佛大学和日本名校讲学。1920年起六次来华,曾在末代皇帝溥仪陪同下拍摄故宫,对中国古代建筑、雕塑、绘画艺术研究极深,代表作有《北京的城墙与城门》(1924)、《中国雕塑》(1925)、《中国北京皇城写真全图》(1926)、《中国早期艺术史》(1929)、《中国绘画史》(1929—1930)、《中国园林》(1949)等。

邱丽媛:北京大学中文系毕业,现任教于北京华文学院,研究方向为中外文化交流传播。译有《西洋镜:中国衣冠举止图解》《西洋镜:中国园林与18世纪欧洲园林的中国风》等书。

内容简介

1922年,喜仁龙得到民国总统特许,考察了民国政府驻地中南海、北京城墙与城门,并在溥仪的陪同下进入故宫实地勘察和摄影。本书正是这次考察之旅的精华集锦。本书原名《中国北京皇城写真全图》,首版于1926年。此译本收录了14张建筑绘图,280余张老照片,另有7张近年来拍摄的复拍图;全面展示了紫禁城的城门、角楼、殿宇等建筑的结构和装饰特点,如实记录下了中南海、北海、圆明园等皇家园林的原貌。

「本系列已出版图书」

PUBLISHED BOOKS IN THIS SERIES

西洋镜 Mook

扫 码 关 注
获取更多新书信息